高职
工程数学
练习册

赵伟良 高 华 主编

（第二版）

GAOZHI GONGCHENG SHUXUE

LIANXICE

ZHEJIANG UNIVERSITY PRESS

浙江大学出版社

·杭州·

图书在版编目（CIP）数据

高职工程数学练习册 / 赵伟良，高华主编. -- 2版.
-- 杭州：浙江大学出版社，2024.8(2025.7重印). -- ISBN 978-7-308
-25132-7

Ⅰ. TB11-44

中国国家版本馆 CIP 数据核字第 2024VY1060 号

高职工程数学练习册

赵伟良　高　华　主编

责任编辑	王　波	
责任校对	吴昌雷	
封面设计	雷建军	
出版发行	浙江大学出版社	
	（杭州市天目山路 148 号　邮政编码 310007）	
	（网址：http://www.zjupress.com）	
排　　版	杭州青翊图文设计有限公司	
印　　刷	杭州高腾印务有限公司	
开　　本	787mm×1092mm　1/16	
印　　张	10.75	
字　　数	248 千	
版 印 次	2024 年 8 月第 2 版　2025 年 7 月第 2 次印刷	
书　　号	ISBN 978-7-308-25132-7	
定　　价	29.00 元	

前　言

　　本练习册自 2021 年 9 月由浙江大学出版社首次出版发行以来,被许多高职高专院校选用,深受广大读者的喜爱.为扎实推进党的二十大精神进教材、进课堂、进头脑,编者根据教育部相关文件要求,对本练习册进行了修订.

　　《高职工程数学练习册(第二版)》是以教育部《“十四五”职业教育规划教材建设实施方案》和《高等职业学校数学课程教学大纲》为指导,围绕高职高专学生学习数学的实际需要,基于高职高专数学教学改革经验,深化工学结合的人才培养模式,服务理工类专业人才的培养目标进行编写的.

　　本练习册以知识内容“够用、能用、适用、实用”为原则,以培养学生“可持续发展”为目的.选题重基础,注意知识点的覆盖面,强化基本理论、方法和技能的训练,以此夯实基础;力求符合高职学生掌握工程数学的教学要求,便于任课教师日常教学、布置作业以及学生期末复习,同时对提高运用数学知识及思路方法的能力有一定的促进作用.

　　本练习册由浙江工业职业技术学院的赵伟良、高华任主编,王秀芳、曹文方、马翠玲、马海南任副主编.其中第 1 章和第 6 章由高华编写,第 2 章由赵伟良编写,第 3 章由曹文方编写,第 4 章和第 5 章由马翠玲编写,第 7 章和第 8 章由王秀芳编写,第 9 章和第 10 章由马海南编写.所有编者均为高职院校具有丰富教学经验的一线教师,全书最后由赵伟良负责统稿和校对.

　　本练习册的出版得到了浙江大学出版社的大力支持和帮助,在此表示衷心感谢!由于编者水平有限和时间紧迫,本练习册难免有欠缺和不妥之处,敬请读者谅解并提出宝贵意见,以备改正.

编者

2024 年 4 月

目　录

第1章 函数、极限与连续

习题 1.1 函数

一、判断题

( )1. 函数 $f(x)=1-\sqrt{x-3}$ 的定义域为 $(3,+\infty)$.

( )2. 由函数 $y=\ln u$ 和 $u=-x^2-1$ 可以构成复合函数 $y=\ln(-x^2-1)$.

( )3. 函数 $f(x)=\dfrac{e^x+e^{-x}}{2}$ 是偶函数.

二、选择题

( )1. 下列函数中定义域不是 $(-\infty,+\infty)$ 的是

    A. $y=\sin x$ B. $y=e^x$ C. $y=\arcsin x$ D. $y=\arctan x$

( )2. 函数 $y=\ln\sqrt{1+x^2}$ 可分解为

    A. $y=\ln u, u=\sqrt{v}, v=1+x^2$ B. $y=\ln u, u=\sqrt{1+x^2}$

    C. $y=\ln\sqrt{u}, u=1+x^2$ D. $y=\ln u, u=\sqrt{v}, v=1+t, t=x^2$

( )3. 下列函数为奇函数的是

    A. $y=1-\sin x$ B. $y=x^3\cos x$ C. $y=x\sin x$ D. $y=x\ln x$

三、填空题

1. 设函数 $f(x)=\begin{cases} 3x, & |x|>1 \\ x^2, & |x|<1, \\ 24, & |x|=1 \end{cases}$ 则 $f(-2)=$ _____，$f\left(\dfrac{1}{\pi}\right)=$ _____.

分院：_____   班级：_____   学号：_____   姓名：_____

2. 函数 $y = \log_a u$，$u = \sqrt{v}$，$v = 2 + t$ 构成的复合函数为_____.

3. 函数 $y = \dfrac{x-1}{x^2 - 3x + 2}$ 的定义域区间形式为_____.

四、解答题

1. 设函数 $f(x) = \dfrac{x^2}{x-2}$，求 $f(1)$ 及 $f(-x+1)$.

2. 分解下列复合函数.

(1) $y = (3^x + 2)^{\frac{2}{5}}$ 　　　　　　　　　　(2) $y = \cos^2(3x + 1)$

分院:_____　　班级:_____　　学号:_____　　姓名:_____

3.判断下列函数的奇偶性.

(1) $y = x^4 \sin^3 x$

(2) $f(x) = \ln(x + \sqrt{1+x^2})$

4.判断下列函数的有界性.

(1) $f(x) = \sin \dfrac{1}{x}$

(2) $f(x) = \dfrac{x^2}{1+x^2}$

5.描绘函数 $f(x) = \begin{cases} x, & x \geqslant 0 \\ 1+x^2, & x < 0 \end{cases}$ 的图像.

分院：_____　　　班级：_____　　　学号：_____　　　姓名：_____

习题 1.2 极限

一、判断题

( )1. 数列 $1, \frac{1}{2}, \frac{1}{2^2}, \frac{1}{2^3}, \cdots, \frac{1}{2^n}, \cdots$ 的极限为 0.

( )2. $\lim\limits_{x \to +\infty} 1000 = 1000$.

( )3. $\lim\limits_{x \to +\infty} \sin x = 1$.

二、选择题

( )1. 下列说法正确的是

    A. 若函数 $f(x)$ 在 x_0 点有定义,则 $\lim\limits_{x \to x_0} f(x)$ 一定存在.

    B. 若函数 $f(x)$ 在 x_0 点无定义,则 $\lim\limits_{x \to x_0} f(x)$ 一定不存在.

    C. 若 $\lim\limits_{x \to x_0} f(x)$ 存在,则函数 $f(x)$ 在 x_0 点一定有定义.

    D. 若 $\lim\limits_{x \to x_0} f(x)$ 存在,则函数 $f(x)$ 在 x_0 点可能有定义,也可能无定义.

( )2. 下列说法错误的是

    A. $\lim\limits_{x \to \infty} f(x) = A$ 的充要条件为 $\lim\limits_{x \to -\infty} f(x) = \lim\limits_{x \to +\infty} f(x) = A$.

    B. $\lim\limits_{x \to 1} f(x) = A$ 的充要条件为 $\lim\limits_{x \to 1^-} f(x) = \lim\limits_{x \to 1^+} f(x) = A$.

    C. $\lim\limits_{x \to 1} f(x) = A$ 的充要条件为 $\lim\limits_{x \to 1^-} f(x) = \lim\limits_{x \to 1^+} f(x)$.

    D. $\lim\limits_{x \to 1} f(x)$ 存在的充要条件为 $\lim\limits_{x \to 1^-} f(x) = \lim\limits_{x \to 1^+} f(x)$.

( )3. 下列极限结果错误的是

    A. $\lim\limits_{x \to \infty} \dfrac{1}{x} = 0$ B. $\lim\limits_{n \to \infty} \dfrac{1}{n^2} = 0$

    C. $\lim\limits_{x \to -\infty} e^x = 0$ D. $\lim\limits_{x \to +\infty} \ln x = 0$

分院:_____   班级:_____   学号:_____   姓名:_____

三、填空题

1. $\lim\limits_{n\to\infty}\dfrac{1}{2n+1}=$ _____.

2. $\lim\limits_{x\to0^+}\ln x$ _____.

3. $\lim\limits_{x\to0^-}e^{\frac{1}{x}}=$ _____.

四、解答题

设 $f(x)=\dfrac{|x|-x}{2x}$，求 $\lim\limits_{x\to0^-}f(x)$ 及 $\lim\limits_{x\to0^+}f(x)$，并说明 $\lim\limits_{x\to0}f(x)$ 是否存在.

分院：_____　　班级：_____　　学号：_____　　姓名：_____

习题 1.3 极限的运算

一、判断题

(   )1. $\lim\limits_{n\to\infty}\dfrac{2n-1}{3n^2+n}=0$.

(   )2. $\lim\limits_{x\to 0}\cos x=1$.

(   )3. $\lim\limits_{x\to 0}\dfrac{e^x+e^{-x}}{2}=\dfrac{1}{2}$.

二、选择题

(   )1. $\lim\limits_{x\to 0}(2x-1)=$

A. 1 　　　　　　　　　　　　　　B. 2

C. 0 　　　　　　　　　　　　　　D. -1

(   )2. $\lim\limits_{x\to 0}(1+x)^{\frac{1}{x}}=$

A. 1 　　　　　　　　　　　　　　B. 0

C. e 　　　　　　　　　　　　　　D. $\dfrac{1}{e}$

(   )3. 下列极限结果错误的是

A. $\lim\limits_{x\to 1}e^{\sqrt{2}}=e^{\sqrt{2}}$ 　　　　　　　B. $\lim\limits_{x\to\infty}\cos\pi=-1$

C. $\lim\limits_{x\to\frac{\pi}{2}}\sin x=1$ 　　　　　　　D. $\lim\limits_{x\to 0}(1-\cos x)=1$

三、填空题

1. $\lim\limits_{x\to\infty}\dfrac{6x^2+7x}{3x^2+2x-5}=$_____.

2. $\lim\limits_{x\to\infty}\dfrac{9x-1}{x^2+2x-5}=$_____.

3. $\lim\limits_{x\to\infty}\dfrac{x^3+x}{x^2+2x-3}=$_____.

分院：_____　　班级：_____　　学号：_____　　姓名：_____

四、解答题

1.计算下列极限.

(1) $\lim\limits_{x \to 1} \dfrac{x-1}{x^2+2x+3}$

(2) $\lim\limits_{x \to 2} \dfrac{x^2-4x+4}{x-2}$

(3) $\lim\limits_{x \to 0} \dfrac{(x-1)^3+1}{x^2-2x}$

(4) $\lim\limits_{x \to 0} \dfrac{\sqrt{x+9}-3}{x}$

(5) $\lim\limits_{x \to 0} \dfrac{\sin 3x}{5x}$

(6) $\lim\limits_{x \to 0} \dfrac{\sin 5x}{\sin 7x}$

分院：_____　　班级：_____　　学号：_____　　姓名：_____

$(7) \lim\limits_{x \to \infty} \left(1 + \dfrac{3}{x}\right)^{x+1}$

$(8) \lim\limits_{x \to \infty} \left(1 - \dfrac{1}{2x}\right)^{x+3}$

$(9) \lim\limits_{x \to 0} (1 - 2x)^{\frac{1}{x}}$

$(10) \lim\limits_{x \to 0} \dfrac{\sin 4x}{\sqrt{x+1}-1}$

2. 设 $f(x) = \begin{cases} \dfrac{x^2-1}{x-1}, & x \neq 1 \\ 0, & x = 1 \end{cases}$，求 $\lim\limits_{x \to 1} f(x)$.

分院：_____   班级：_____   学号：_____   姓名：_____

习题 1.4 无穷小与无穷大

一、判断题

( )1. 10^{10000} 是一个无穷大量.

( )2. 当 $x \to \infty$ 时, $\dfrac{x-1}{x^2+2x+3}$ 是无穷小量.

( )3. e^x 是 $x \to \infty$ 时的一个无穷大量.

二、选择题

( )1. 当 $x \to \infty$ 时,下列变量为无穷小量的是

     A. $\dfrac{3}{x}$ B. $\dfrac{1-x^2}{1+x^2}$ C. $\sin x$ D. $\cos x$

( )2. $\left(1+\dfrac{1}{x}\right)^x - e$ 在以下哪种变化趋势下为无穷小量

     A. $x \to \infty$ B. $x \to 0$ C. $x \to 1$ D. $x \to e$

( )3. 下列说法正确的是

     A. 无穷小量一定有界   B. 无穷大量一定无界

     C. 有界变量乘无穷小一定是无穷小   D. 有界变量乘无穷大一定是无穷大

三、填空题

1. 当_____时, $\sin \dfrac{1}{x}$ 为无穷小量.

2. 当 $x \to 0$ 时, $\arctan x$ 为_____(无穷大量/无穷小量).

3. 当_____时, $\sin x \sim x$.

四、解答题

1. 计算下列极限.

(1) $\lim\limits_{x \to \infty} \dfrac{\sin x}{x}$ (2) $\lim\limits_{x \to \infty} \dfrac{\arctan(1-x)}{x}$

分院:_____ 班级:_____ 学号:_____ 姓名:_____

2. 利用等价无穷小求下列极限.

$(1) \lim\limits_{x \to 0} \dfrac{\sin 5x}{\sin 7x}$

$(2) \lim\limits_{x \to 0} \dfrac{1 - \cos x}{x^2}$

$(3) \lim\limits_{x \to 0} \dfrac{\ln(1 - 2x)}{3x}$

$(4) \lim\limits_{x \to 0} \dfrac{e^{2x} - 1}{2x}$

3. 证明当 $x \to 0$ 时, $x^2 - 3x^3 \sim x^2$.

4. 当 $x \to 0$ 时, 比较无穷小 $\tan x - \sin x$ 与 $\sin x^3$.

*习题 1.5　函数的连续性

一、判断题

（　　）1. 若函数 $y=f(x)$ 在 x_0 点有定义，则 $y=f(x)$ 在 x_0 点一定连续.

（　　）2. 分段函数在其分段点处一定不连续.

（　　）3. 初等函数在其定义区间内每一点都连续.

二、选择题

（　　）1. 下列函数在 $x=0$ 处不连续的是

A. $f(x)=\dfrac{3}{x-1}$ 　　　　　　　　　　B. $f(x)=\ln(1+x)$

C. $f(x)=\sin x$ 　　　　　　　　　　　　D. $f(x)=\cos\dfrac{1}{x}$

（　　）2. 函数 $f(x)=\dfrac{x+1}{x^2-3x-4}$ 的间断点个数为

A. 0 　　　　　　　　　　　　　　　　B. 1

C. 2 　　　　　　　　　　　　　　　　D. 3

（　　）3. 设 $f(x)=\begin{cases}\dfrac{1}{x}\sin\dfrac{x}{3}, & x\neq0 \\ a, & x=0\end{cases}$，若 $f(x)$ 在 $(-\infty,+\infty)$ 上是连续函数，则 $a=$

A. 0 　　　　　　　　　　　　　　　　B. 1

C. $\dfrac{1}{3}$ 　　　　　　　　　　　　　　D. 3

三、填空题

1. 函数 $f(x)=\sqrt{4-x}\ln(x-1)$ 的连续区间是_____.

2. 函数 $f(x)=\mathrm{e}^{\frac{1}{x}}$ 的间断点是_____.

3. 函数 $f(x)=\begin{cases}x, & x<1 \\ x-1, & 1\leqslant x<2 \\ 3-x, & x\geqslant2\end{cases}$ 的间断点为_____.

分院：_____　　　班级：_____　　　学号：_____　　　姓名：_____

四、解答题

1.已知函数 $f(x)=\begin{cases}\dfrac{1-x^2}{1+x}, & x\neq-1\\ A, & x=-1\end{cases}$ 在 $(-\infty,+\infty)$ 上连续,求 A.

2.若函数 $f(x)=\begin{cases}x^2+a, & x\geqslant1\\ \cos\pi x, & x<1\end{cases}$ 在 **R** 上连续,求 a 的值.

3.指出函数 $f(x)=\dfrac{x-2}{x^2-x-2}$ 的间断点并判断其类型.

4.指出函数 $f(x)=x\cos\dfrac{1}{x}$ 的间断点并判断其类型.

分院:_____   班级:_____   学号:_____   姓名:_____

第 1 章自测题

一、判断题(每小题 2 分,共 20 分)

( )1. 函数 $f(x)=\ln x^4$ 与 $f(x)=4\ln x$ 是同一个函数.

( )2. 复合函数 $y=\sqrt{2-x^3}$ 可以分解为 $y=\sqrt{u},u=2-x^3$.

( )3. 分段函数必有间断点.

( )4. 当 $x\to x_0$ 时,函数 $f(x)$ 的极限值不一定是 $f(x_0)$.

( )5. 10^{-10000} 是无穷小量.

( )6. 在同一变化过程中,无穷大量的倒数是无穷小量.

( )7. 可去间断点是第一类间断点,跳跃间断点是第二类间断点.

( )8. 若 $\lim\limits_{x\to x_0^-}f(x)=\lim\limits_{x\to x_0^+}f(x)$,则 $x=x_0$ 是 $f(x)$ 的可去间断点.

( )9. $\lim\limits_{x\to 0}(1+x)^{\frac{1}{x}}=\mathrm{e}$.

( )10. $\lim\limits_{x\to 0}\dfrac{\arcsin x}{x}=1$.

二、选择题(每小题 2 分,共 10 分)

( )1. $\lim\limits_{x\to -1}\dfrac{x^2-3x-1}{2x^2}=$

　　A. $\dfrac{1}{2}$ 　　　　B. $\dfrac{3}{2}$ 　　　　C. $\dfrac{5}{2}$ 　　　　D. 1

( )2. 极限 $\lim\limits_{x\to 0}(\mathrm{e}^{-x}-2\cos x)$ 的值为

　　A. 0 　　　　B. 3 　　　　C. -1 　　　　D. -2

( )3. 下列命题错误的是

　　A. 两个无穷小的商仍是无穷小

　　B. 两个无穷小的乘积仍是无穷小

　　C. 无穷小乘以常数仍是无穷小

　　D. 无穷小乘以有界变量仍是无穷小

分院:_____　　班级:_____　　学号:_____　　姓名:_____

( )4. 若函数 $f(x) = \dfrac{|x| - x}{3x}$，则

    A. $\lim\limits_{x \to 0} f(x)$ 不存在   B. $\lim\limits_{x \to 0} f(x) = -1$

    C. $\lim\limits_{x \to 0} f(x) = 1$ D. $\lim\limits_{x \to 0} f(x) = 0$

( )5. 如果函数 $y = f(x)$ 在点 x_0 处连续，则下列说法错误的是

    A. 函数 $y = f(x)$ 在 x_0 的某邻域内一定有定义

    B. $\lim\limits_{x \to x_0} f(x)$ 一定存在

    C. $\lim\limits_{x \to x_0} f(x) = f(x_0)$

    D. $y = f(x)$ 在 x_0 点无定义

三、填空题（每小题 2 分，共 20 分）

1. 函数 $y = x^3 - 5\ln(x - 2)$ 的定义域为 _____．

2. 函数 $y = \sqrt{\sin x}$ 的定义域为 _____．

3. 设 $f(x) = \begin{cases} 3x^2 - 5, & x > 0 \\ x^3 + 4\sin x, & x \leqslant 0 \end{cases}$，则 $f(e) = $ _____．

4. 若函数 $f(x) = \dfrac{x}{1+x}$，则 $f(1 + 2x) = $ _____．

5. 若 $f(\sin x) = \tan^2 x$，则 $f(x) = $ _____．

6. 函数 $y = \cos \sqrt{2x - 1}$ 可分解为 _____．

7. $\lim\limits_{x \to \infty} \left(1 + \dfrac{\sin x}{x} \right) = $ _____．

8. $\lim\limits_{n \to \infty} \dfrac{(-1)^n}{n} = $ _____．

9. 函数 $y = \dfrac{x+1}{x^2 + 3x + 2}$ 的间断点为 _____．

10. 设函数 $f(x) = \begin{cases} 2 - x, & x \leqslant 1 \\ x + 1, & x > 1 \end{cases}$，则 $\lim\limits_{x \to 1^-} f(x) = $ _____．

四、解答题（共 50 分）

1. 求下列函数的极限．（每小题 5 分，共 40 分）

(1) $\lim\limits_{x \to 0} (e^x - \cos 2x)$ (2) $\lim\limits_{x \to 3} \dfrac{x - 3}{x^2 - 9}$

分院：_____   班级：_____   学号：_____   姓名：_____

（3）$\lim\limits_{x\to\infty}\dfrac{x^2-3x+6}{3x^2-2}$

（4）$\lim\limits_{x\to\infty}\dfrac{2x^3+5x}{5x^3+x^2+3x-1}$

（5）$\lim\limits_{x\to0}\dfrac{\tan5x}{\tan3x}$

（6）$\lim\limits_{x\to\infty}\dfrac{\sin(3x+1)}{2x}$

（7）$\lim\limits_{x\to\infty}\left(1+\dfrac{3}{x}\right)^{4x}$

（8）$\lim\limits_{x\to0}\dfrac{\sqrt{1+x}-1}{\sin x}$

2.已知函数 $f(x)=\begin{cases}x\sin\dfrac{1}{x}, & x>0\\ a+x^2, & x\leqslant0\end{cases}$ 在$(-\infty,+\infty)$内连续,求 a.（10 分）

分院：_____　　班级：_____　　学号：_____　　姓名：_____

第 2 章　导数及其应用

习题 2.1　导数的概念

一、判断题

(　　)1. 若函数 $f(x)$ 在点 x_0 处连续,则该函数在点 x_0 处可导.

(　　)2. 函数 $y=3x^2$ 在点 $x=1$ 处的切线方程为 $y=6x-3$.

(　　)3. 若函数 $f(x)$ 在点 x_0 处的左、右导数都存在,则 $f'(x_0)$ 存在.

二、选择题

(　　)1. 若下列极限存在,则不能表示为 $f'(x_0)$ 的是

A. $\lim\limits_{\Delta x \to 0}\dfrac{f(x_0+\Delta x)-f(x_0)}{\Delta x}$ 　　　　B. $\lim\limits_{x \to x_0}\dfrac{f(x)-f(x_0)}{x-x_0}$

C. $\lim\limits_{x \to x_0}\dfrac{f(x_0)-f(x)}{x_0-x}$ 　　　　D. $\lim\limits_{\Delta x \to 0}\dfrac{f(x_0-\Delta x)-f(x_0)}{\Delta x}$

(　　)2. 曲线 $y=x^{\frac{1}{3}}$ 在点 $x=1$ 处的切线斜率为

A. 0　　　　　　B. $\dfrac{1}{3}$　　　　　　C. $\dfrac{2}{3}$　　　　　　D. 1

(　　)3. 曲线 $y=x^3-3x$ 上切线平行于 x 轴的点为

A. $(0,0)$　　　　B. $(1,2)$　　　　C. $(-1,2)$　　　　D. $(0,2)$

三、填空题

1. 若函数 $f(x)$ 满足 $f(2)=1$,$f'(2)=3$,则 $\lim\limits_{x \to 2}f(x)=$ _____.

分院:_____　　　班级:_____　　　学号:_____　　　姓名:_____

2.函数 $y=\ln x$ 在点$(e,1)$处的切线方程为_____.

3.若 $f'(0)=1$ 且 $f(0)=0$,则$\lim\limits_{x\to0}\dfrac{f(x)}{x}=$_____.

四、解答题

1.若函数 $f(x)=4x^2$,利用导数的定义计算 $f'(-1)$.

2.若 $f'(1)=1$,计算极限 $\lim\limits_{\Delta x\to0}\dfrac{f(1-\Delta x)-f(1+\Delta x)}{\Delta x}$.

3.计算函数 $y = \sin x$ 在点 $\left(\dfrac{\pi}{4}, \dfrac{\sqrt{2}}{2} \right)$ 处的切线方程和法线方程.

4.若函数 $f(x) = \begin{cases} x^2, & x \geqslant 0 \\ -x, & x < 0 \end{cases}$,计算 $f'_-(0)$,$f'(0)$ 和 $f'_+(0)$.

5.讨论函数 $f(x) = |x-1|$ 在点 $x = 1$ 处的可导性.

分院:_____ 班级:_____ 学号:_____ 姓名:_____

习题 2.2　导数的运算法则及基本公式

一、判断题

(　　)1.若函数 $u(x)$ 和 $v(x)$ 在点 x 处均可导,则 $[u(x)v(x)]' = u'(x)v'(x)$.

(　　)2.若函数 $y = x^2 + \ln 3$,则 $y' = 2x + \dfrac{1}{3}$.

(　　)3. $\left(\dfrac{\sin x}{x}\right)' = \dfrac{(\sin x)'}{x'} = \cos x$.

二、选择题

(　　)1.若函数 $f(x) = \cos x + \sqrt{x}$,则 $f'(x)$ 为

    A. $\sin x + \dfrac{1}{2\sqrt{x}}$ B. $-\sin x + \dfrac{1}{2\sqrt{x}}$

    C. $\sin x - \dfrac{1}{2\sqrt{x}}$ D. $-\sin x - \dfrac{1}{2\sqrt{x}}$

(　　)2.若函数 $y = x^2 \ln x$,则 y' 为

    A. 2 B. $2x\ln x$ C. x D. $2x\ln x + x$

(　　)3.若函数 $y = \dfrac{1}{1-x^3}$,则 $\dfrac{\mathrm{d}y}{\mathrm{d}x}$ 为

    A. $\dfrac{3x^2}{(1-x^3)^2}$ B. $-\dfrac{3x^2}{(1-x^3)^2}$

    C. $\dfrac{x^2}{(1-x^3)^2}$ D. $-\dfrac{x^2}{(1-x^3)^2}$

三、填空题

1.若函数 $y = \dfrac{1}{x} + \sin\sqrt{3}$,则 $y' = $ _____.

2.若函数 $f(x) = \dfrac{x^2\sqrt{x}}{\sqrt[3]{x}}$,则 $f'(1) = $ _____.

3.若函数 $y = 4^x \ln x \cos x$,则 $y' = $ _____.

分院:_____　　班级:_____　　学号:_____　　姓名:_____

四、解答题

1.计算函数 $y=4x^3-\log_3 x+\ln 5$ 的导数.

2.计算函数 $y=\dfrac{2}{x^3}-\dfrac{1}{x}+\arctan x$ 的导数.

3.计算函数 $y=\sqrt{x}\arcsin x$ 的导数.

分院：_____ 班级：_____ 学号：_____ 姓名：_____

4.计算函数 $y=\dfrac{x}{x-\sin x}$ 的导数.

5.计算函数 $y=\sqrt[3]{x}\ln x\cot x$ 的导数.

习题2.3 复合函数的求导法则及高阶导数

一、判断题

( )1. 若函数 $y=(1-3x)^5$, 则 $y'=5(1-3x)^4$.

( )2. 若函数 $f(x)=\ln x^3+e^x$, 则 $f'(1)=3+e$.

( )3. $(e^{3x})''=e^{3x}$.

二、选择题

( )1. 若函数 $y=\sin(2x+3)$, 则 y' 为

    A. $\cos(2x+3)$ B. $-\cos(2x+3)$

    C. $2\cos(2x+3)$ D. $-2\cos(2x+3)$

( )2. 若函数 $f(x)=\ln\sin\left(\dfrac{1}{x}\right)$, 则 $f'\left(\dfrac{4}{\pi}\right)$ 为

    A. -1 B. 1 C. $-\dfrac{\pi^2}{16}$ D. $\dfrac{\pi^2}{16}$

( )3. 若函数 $f(x)=\sin x+\cos x$, 则 $f''(x)$ 为

    A. $-\sin x-\cos x$ B. $-\sin x+\cos x$

    C. $\sin x-\cos x$ D. $\sin x+\cos x$

三、填空题

1. 若函数 $y=\ln(1-4x)$, 则 $y'=$ _____.

2. 若函数 $f(x)=e^{-3x^2}$, 则 $f'(1)=$ _____.

3. 若函数 $y=(1+x^2)\arctan x$, 则 $\dfrac{d^2y}{dx^2}=$ _____.

四、解答题

1. 计算函数 $y=(2x^2-3x+1)^{10}$ 的导数.

分院:_____   班级:_____   学号:_____   姓名:_____

2.计算函数 $y = \ln\sin 2x$ 的导数.

3.计算函数 $y = \ln(\sqrt{1+x^2} - x)$ 的导数.

4.设函数 $y = x^3 + 4x^2 + 3$,计算 y'' 和 y'''.

5.设函数 $y = e^{-x}\cos x$,计算 y'''.

6.设函数 $y = \cos 4x$,计算 $y^{(n)}$.

分院：_____　　班级：_____　　学号：_____　　姓名：_____

*习题 2.4 隐函数及参数方程确定的函数的求导法则

一、判断题

( )1. 设函数 $\begin{cases} x=2t \\ y=3t-4t^2 \end{cases}$，则 $\dfrac{dy}{dx}=3-8t$.

( )2. 设函数 $y=x^x$，则 $y'=x\cdot x^{x-1}$.

( )3. 设函数 $xy=e^y$，则 $y'=\dfrac{e^y-y}{x}$.

二、选择题

( )1. 设函数 $\begin{cases} x=\sin t \\ y=3t \end{cases}$，则 $\dfrac{dy}{dx}$ 为

A. $\dfrac{\cos t}{3}$ 　　　　　　　　　B. $\dfrac{3}{\cos t}$

C. $-\dfrac{\cos t}{3}$ 　　　　　　　　D. $-\dfrac{3}{\cos t}$

( )2. 设函数 $y-xe^y=1$，则 y' 为

A. $\dfrac{e^x}{1-xe^y}$ 　　　　　　　B. $\dfrac{e^x}{1+xe^y}$

C. $\dfrac{e^y}{1-xe^y}$ 　　　　　　　D. $\dfrac{e^y}{1+xe^y}$

( )3. 函数 $x^2+y^2=8$ 在点 $(2,2)$ 处的切线方程为

A. $y=-x$ 　　　　　　　　　B. $y=-x+4$

C. $y=x$ 　　　　　　　　　　D. $y=x+4$

三、填空题

1. 设函数 $y^3+5xy=7$，则 $y'=$ _____.

2. 设函数 $\begin{cases} x=e^t \\ y=5t^2 \end{cases}$，则 $\dfrac{dy}{dx}=$ _____.

3. 函数 $\sin x=\cos y$ 在点 $\left(-\dfrac{\pi}{6},\dfrac{2\pi}{3}\right)$ 处的导数为 _____.

分院：_____　　班级：_____　　学号：_____　　姓名：_____

四、解答题

1.求由方程 $\dfrac{x^2}{4}+\dfrac{y^2}{9}=1$ 所确定的隐函数的导数.

2.求由方程 $y^2-\sin xy=c^x$ 所确定的隐函数的导数.

分院：_____　班级：_____　学号：_____　姓名：_____

3.计算函数 $y=\left(\dfrac{x}{1+x}\right)^x$ 的导数.

4.计算函数 $y=\sqrt{\dfrac{(4x+1)(x-4)}{(2x-3)^3}}$ 的导数.

5.设参数方程 $\begin{cases} x=t-\arctan t \\ y=\ln(1+t^2) \end{cases}$，计算 $\dfrac{\mathrm{d}y}{\mathrm{d}x}$.

习题 2.5　函数的微分及其应用

一、判断题

(　　)1. 若函数 $y = f(x)$ 在点 x_0 处可微,则该函数在点 x_0 处连续.

(　　)2. 若函数 $y = x^2 + \ln x$,则 $\mathrm{d}y|_{x=e} = 2e + \dfrac{1}{e}$.

(　　)3. $\mathrm{d}(\sqrt{x}) = \dfrac{1}{2\sqrt{x}}\mathrm{d}x$.

二、选择题

(　　)1. 函数 $y = 2x^2$ 在 $x = 1, \Delta x = 0.01$ 时的 Δy 和 $\mathrm{d}y$ 分别为

  A. $0.04, 0.0402$ B. $0.0402, 0.04$

  C. $0.04, 0.04$ D. $0.0402, 0.0402$

(　　)2. 若 $\mathrm{d}(\quad) = 3\mathrm{e}^{2x}\mathrm{d}x$,则应填入的函数为

  A. $\dfrac{3}{2}\mathrm{e}^{2x} + C$ B. $6\mathrm{e}^{2x} + C$

  C. $\dfrac{2}{3}\mathrm{e}^{2x} + C$ D. $\dfrac{1}{6}\mathrm{e}^{2x} + C$

(　　)3. 若函数 $y = \sqrt{x} + \ln 3$,则 $\mathrm{d}y$ 为

  A. $\dfrac{1}{2\sqrt{x}} + \dfrac{1}{3}$ B. $\left(\dfrac{1}{2\sqrt{x}} + \dfrac{1}{3}\right)\mathrm{d}x$

  C. $\dfrac{1}{2\sqrt{x}}$ D. $\dfrac{1}{2\sqrt{x}}\mathrm{d}x$

三、填空题

1. 若函数 $y = x^2 + \sin x$,则 $\mathrm{d}y =$ _____.

2. $\mathrm{d}(\arctan\sqrt{x}) =$ _____ $\mathrm{d}x$.

3. 若函数 $y = 1 - \cos 3x$,则 $\mathrm{d}y|_{x=\frac{\pi}{6}} =$ _____.

分院:_____　　班级:_____　　学号:_____　　姓名:_____

四、解答题

1.计算函数 $y = 3x^4 - \sin 2x$ 的微分 dy.

2.计算函数 $y = x^2 e^{3x}$ 的微分 dy.

分院：_____   班级：_____   学号：_____   姓名：_____

3.计算函数 $y = \arcsin e^{2x}$ 的微分 $\mathrm{d}y$.

4.计算 $\sin 31°$ 的近似值.

5.计算 $\sqrt[3]{1.01}$ 的近似值.

分院：_____　　班级：_____　　学号：_____　　姓名：_____

习题 2.6　洛必达法则

一、判断题

( )1. $\lim\limits_{x\to 0}\dfrac{x^2-1}{x}=\lim\limits_{x\to 0}\dfrac{(x^2-1)'}{x'}=\lim\limits_{x\to 0}2x=0$.

( )2. $\lim\limits_{x\to +\infty}\dfrac{\ln x}{x^2}=\lim\limits_{x\to +\infty}\dfrac{(\ln x)'}{(x^2)'}=\lim\limits_{x\to +\infty}\dfrac{1}{2x^2}=0$.

( )3. $\lim\limits_{x\to \infty}\dfrac{x+\cos x}{x-\cos x}=\lim\limits_{x\to \infty}\dfrac{(x+\cos x)'}{(x-\cos x)'}=\lim\limits_{x\to \infty}\dfrac{1-\sin x}{1+\sin x}=1$.

二、选择题

( )1. 极限 $\lim\limits_{x\to 0}\dfrac{\ln(1+x)}{x}$ 的值为

　　A. 0　　　　　　　　B. 1　　　　　　　　C. 2　　　　　　　　D. 3

( )2. 极限 $\lim\limits_{x\to \frac{\pi}{3}}\dfrac{\sin x-\sin\frac{\pi}{3}}{x-\frac{\pi}{3}}$ 的值为

　　A. $\dfrac{1}{2}$　　　　　　B. $\dfrac{\sqrt{2}}{2}$　　　　　　C. $\dfrac{\sqrt{3}}{2}$　　　　　　D. 1

( )3. 极限 $\lim\limits_{x\to 0}\dfrac{1-\cos x}{x^2}$ 的值为

　　A. 0　　　　　　　　B. $\dfrac{1}{2}$　　　　　　C. $\dfrac{1}{3}$　　　　　　D. 1

三、填空题

1. 极限 $\lim\limits_{x\to 1}\dfrac{x^2-1}{x-1}=$ _____.

2. 极限 $\lim\limits_{x\to \infty}\dfrac{x^2-5}{3x^2-2x+1}=$ _____.

3. 极限 $\lim\limits_{x\to 0}\dfrac{\tan 3x}{\tan 5x}=$ _____.

分院：_____　　班级：_____　　学号：_____　　姓名：_____

四、解答题

1. 计算极限 $\lim\limits_{x\to 0}\dfrac{e^x-\cos x}{\sin x}$.

2. 计算极限 $\lim\limits_{x\to 0}\dfrac{\sin 3x}{\tan 7x}$.

分院：_____   班级：_____   学号：_____   姓名：_____

3.计算极限 $\lim\limits_{x\to 0} x\cot 5x$.

4.计算极限 $\lim\limits_{x\to +\infty} x\left(\dfrac{\pi}{2}-\arctan x\right)$.

5.计算极限 $\lim\limits_{x\to 1}\left(\dfrac{2}{x^2-1}-\dfrac{1}{x-1}\right)$.

6.计算极限 $\lim\limits_{x\to 0}(1+3x)^{\frac{2}{\sin x}}$.

分院:_____   班级:_____   学号:_____   姓名:_____

习题 2.7　中值定理与函数的单调性

一、判断题

(　　)1. 函数 $y=4x^3-3$ 在 $(-\infty,+\infty)$ 上单调递减.

(　　)2. 函数 $f(x)=\ln(1+x^2)$ 在区间 $[-2,2]$ 上满足罗尔定理的 $\xi=0$.

(　　)3. 函数 $y=3x-\ln x$ 的驻点为 $x=\dfrac{1}{3}$.

二、选择题

(　　)1. 函数 $f(x)=x+\sin x$ 在区间 $[0,2\pi]$ 上的驻点为

  A. 0   B. $\dfrac{\pi}{2}$ C. π D. 2π

(　　)2. 函数 $f(x)=\arctan x-x$ 在区间 $(-\infty,+\infty)$ 内

  A. 单调减少   B. 单调增加   C. 有增有减   D. 不增不减

(　　)3. 当 $x>0$ 时,下面结论正确的是

  A. $x>\ln(1+x)$ B. $x<\ln(1+x)$

  C. $x=\ln(1+x)$ D. 无法比较

三、填空题

1. 函数 $y=1-2x^2$ 的单调递增区间为_____.

2. 函数 $f(x)=x(x-4)$ 在区间 $[1,4]$ 上满足拉格朗日中值定理的 $\xi=$ _____.

3. 函数 $f(x)=\dfrac{\ln x}{2x}$ 的驻点为_____.

四、解答题

1. 求函数 $y=2x^3-9x^2+12x-3$ 的单调区间.

分院:_____　　班级:_____　　学号:_____　　姓名:_____

2. 求函数 $f(x) = x^{\frac{2}{3}}(x-1)$ 的单调区间.

3. 证明不等式：当 $x>1$ 时，$e^x > ex$.

4. 证明恒等式：$2\arctan x + \arcsin \dfrac{2x}{1+x^2} = \pi$　$x \in [1, +\infty)$.

5. 证明不等式：$\dfrac{a-b}{a} < \ln \dfrac{a}{b} < \dfrac{a-b}{b}$　$(a>b>0)$.

分院：_____　　班级：_____　　学号：_____　　姓名：_____

习题 2.8 函数的极值与最值

一、判断题

(   )1. 可导函数的极值点一定是驻点,但驻点不一定是极值点.

(   )2. 若函数 $f(x)$ 满足 $f'(x_0)=0$,$f''(x_0)>0$,则 $f(x_0)$ 是函数 $f(x)$ 的极大值.

(   )3. 若函数 $f(x)$ 在 x_0 处取得最值,则 x_0 一定是函数 $f(x)$ 的极值点.

二、选择题

(   )1. 函数 $y=xe^x$ 的极小值为

    A. $-\dfrac{1}{e}$ B. $\dfrac{1}{e}$ C. e   D. 0

(   )2. 函数 $f(x)=\sqrt{x^2+1}$ 在区间 $[0,1]$ 上的最大值为

    A. 0   B. 1   C. $\dfrac{\sqrt{5}}{2}$ D. $\sqrt{2}$

(   )3. 点 $x=0$ 是函数 $y=4x^3$ 的

    A. 极大值点   B. 极小值点

    C. 不可导点   D. 驻点

三、填空题

1. 函数 $y=x^3-3x+1$ 的极小值为_____,极大值为_____.

2. 函数 $y=x-\cos x$ 在 $\left[-\dfrac{\pi}{2},\dfrac{\pi}{2}\right]$ 上最小值为_____,最大值为_____.

3. 函数的最值可能在_____处、_____处或_____处取得.

四、解答题

1. 求函数 $f(x)=x^3+3x^2-24x$ 的极值.

分院:_____ 班级:_____ 学号:_____ 姓名:_____

2.求函数 $f(x)=2-(x-1)^{\frac{2}{3}}$ 的极值.

3.求函数 $f(x)=x^3-3x+1$ 在 $[-2,2]$ 上的最值.

4.求函数 $f(x)=\ln(1+x^2)$ 在 $[-1,2]$ 上的最值.

5.现有一块边长为 L 的正方形铁片,从四角各截去一个同样大小的正方形,然后折成一个无盖的方盒子.问:当截去的正方形的边长等于多少时,方盒子的容量最大?

分院:_____   班级:_____   学号:_____   姓名:_____

*习题2.9　曲线的凹凸性与拐点

一、判断题

(　　)1.若点 $(x_0, f(x_0))$ 是曲线 $f(x)$ 的拐点,则 $f''(x_0) = 0$.

(　　)2.曲线 $y = \ln x$ 在 $(0, +\infty)$ 上是凹的.

(　　)3.曲线 $y = \dfrac{1}{x^2 - 1}$ 的水平渐近线为 $y = 0$.

二、选择题

(　　)1.曲线 $y = x^4 - 2x^3 + 3$ 的凸区间为

    A. $(1, +\infty)$　　　　　　　　　B. $(-\infty, 0)$

    C. $(0, 1)$　　　　　　　　　　D. $(-\infty, +\infty)$

(　　)2.曲线 $y = 2 - \sqrt[3]{x-1}$ $(x > 0)$ 的拐点为

    A. $(1, 2)$　　　　B. $(2, 1)$　　　　C. $(0, 2)$　　　　D. $(2, 0)$

(　　)3.曲线 $y = \dfrac{x-2}{x-1}$ 的垂直渐近线为

    A. $x = 0$　　　　B. $x = 1$　　　　C. $x = 2$　　　　D. $x = 4$

三、填空题

1.若点 $(1, 3)$ 是曲线 $y = ax^3 + bx^2$ 的拐点,则 $a =$ _____,$b =$ _____.

2.曲线 $y = \ln(2 + x)$ 的凸区间为 _____.

3.曲线 $y = \dfrac{x^2}{1 + x^2}$ 的水平渐近线为 _____.

四、解答题

1.求曲线 $f(x) = \dfrac{1}{4}x^4 - x^3 + 1$ 的凹凸区间和拐点.

分院:_____　　班级:_____　　学号:_____　　姓名:_____

2.求曲线 $y=\dfrac{1}{x}+\dfrac{1}{x^2}$ 的凹凸区间和拐点.

3.求曲线 $y=\dfrac{e^{2x}}{x}$ 的凹凸区间和拐点.

4.求曲线 $y=\dfrac{x^3}{(x-1)^2}$ 的渐近线.

5.描绘函数 $f(x)=\dfrac{1}{\sqrt{2\pi}}e^{-\frac{x^2}{2}}$ 的图像.

分院：_____　　班级：_____　　学号：_____　　姓名：_____

第 2 章自测题

一、判断题(每小题 2 分,共 20 分)

( )1. $(\sin x)' = \cos x$.

( )2. 若函数 u,v 均为 x 的可导函数且 $v' \neq 0$,则 $\left(\dfrac{u}{v}\right)' = \dfrac{u'v + uv'}{v^2}$.

( )3. 若函数 $y = 4x^2 + \ln 3$,则 $y' = 8x + \dfrac{1}{3}$.

( )4. 函数 $f(x) = |x-2|$ 在点 $x=2$ 处可导.

( )5. 若函数 $y = f(x)$ 在点 x_0 处连续,则该函数在点 x_0 处必可导.

( )6. 函数 $y = 1 - 3x^2$ 在区间 $(0, +\infty)$ 上单调递减.

( )7. 若函数 $y = f(x)$ 满足 $f'(x_0) = 0$,则 x_0 必是极值点.

( )8. $\lim\limits_{x \to \infty} \dfrac{x + \cos x}{x - \cos x} = \lim\limits_{x \to \infty} \dfrac{(x + \cos x)'}{(x - \cos x)'} = \lim\limits_{x \to \infty} \dfrac{1 - \sin x}{1 + \sin x} = 1$.

( )9. 曲线 $y = 1 - \ln x$ 在区间 $(0, +\infty)$ 上是凹的.

( )10. 若函数 $y = f(x)$ 满足 $f''(x_0) = 0$,则点 $(x_0, f(x_0))$ 为该函数的拐点.

二、选择题(每小题 2 分,共 10 分)

( )1. 若函数 $f(x) = 4x - 3e^x$,则 $f'(0)$ 的值为

  A. 4　　　　　　　B. 3　　　　　　　C. 2　　　　　　　D. 1

( )2. 若函数 $f(x) = \sin x - \cos x$,则 $f''(x)$ 为

  A. $\sin x - \cos x$　　　　　　　　　B. $\sin x + \cos x$

  C. $-\sin x - \cos x$　　　　　　　　D. $-\sin x + \cos x$

( )3. 若函数 $y = \arctan(1 + x^2)$,则 $\mathrm{d}y$ 为

  A. $\dfrac{2x}{1 + x^2}\mathrm{d}x$　　　　　　　　　　B. $\dfrac{2x}{(1 + x)^2}\mathrm{d}x$

  C. $\dfrac{2x}{(1 + x^2)^2}\mathrm{d}x$　　　　　　　D. $\dfrac{2x}{1 + (1 + x^2)^2}\mathrm{d}x$

分院:_____　　班级:_____　　学号:_____　　姓名:_____

（　　）4. 函数 $y = x\mathrm{e}^x$ 的驻点是

　　　　A. $x = -1$　　　　　　B. $x = 0$　　　　　　C. $x = 1$　　　　　　D. $x = \mathrm{e}$

（　　）5. 若函数 $f(x)$ 在 (a, b) 内恒有 $f''(x) > 0$，则 $f(x)$ 在 (a, b) 内是

　　　　A. 单调递增　　　　B. 单调递减　　　　C. 凸的　　　　　　D. 凹的

三、填空题（每小题 2 分，共 20 分）

1. 若函数 $f(x) = x^2 + \ln x$，则 $f'(1) = $ _____．

2. 若 $f'(x_0) = 3$，则 $\lim\limits_{\Delta x \to 0} \dfrac{f(x_0 - \Delta x) - f(x_0)}{\Delta x} = $ _____．

3. 曲线 $y = 4\mathrm{e}^x$ 在点 $(0, 4)$ 处的切线方程为 _____．

4. 由参数方程 $\begin{cases} x = t^2 \\ y = \arcsin 2t \end{cases}$ 所确定的函数的导数 $\dfrac{\mathrm{d}y}{\mathrm{d}x} = $ _____．

5. 若函数 $y - x\mathrm{e}^y = 1$，则 $\dfrac{\mathrm{d}y}{\mathrm{d}x} = $ _____．

6. 若函数 $f(x) = \cos(1 - 5x)$，则 $f''(x) = $ _____．

7. 若函数 $y = 4\sec x + \sqrt{3}$，则 $\mathrm{d}y = $ _____．

8. 函数 $y = 2x^2 - 4x + 1$ 在区间 $[-2, 2]$ 上的最大值为 _____，最小值为 _____．

9. 曲线 $y = \mathrm{e}^{-2x}$ 的凹区间为 _____．

10. 曲线 $y = 4 - (x + 1)^3$ 的拐点为 _____．

分院：_____　　　班级：_____　　　学号：_____　　　姓名：_____

四、解答题(共 50 分)

1.求下列函数的导数.(每小题 2 分,共 10 分)

(1)$y=4\mathrm{e}^x-3\cos x+\ln 2$ 　　　　　　　　　(2)$y=x^3\sin x$

(3)$y=\dfrac{x+3}{x-2}$ 　　　　　　　　　(4)$y=\cos^2(4-3x)$

(5)$y=\ln(3x-\sqrt{1+x^2})$

2.求由方程 $4xy^2-5\ln y=x^3$ 所确定的隐函数 $y=f(x)$ 的导数 $\dfrac{\mathrm{d}y}{\mathrm{d}x}$.(10 分)

分院:_____　　班级:_____　　学号:_____　　姓名:_____

3.求下列函数的极限.(每小题 5 分,共 10 分)

(1)$\lim\limits_{x \to 0} \dfrac{\ln(1+2x)}{\sin x}$

(2)$\lim\limits_{x \to 1}\left(\dfrac{1}{\ln x} - \dfrac{x}{x-1}\right)$

4.求函数 $f(x) = \dfrac{x^2}{1+x}$ 的单调区间和极值.(10 分)

5.求函数 $y = (x-1)\sqrt[3]{x^2}$ 的凹凸区间和拐点.(10 分)

分院:_____   班级:_____   学号:_____   姓名:_____

第 3 章　积分及其应用

习题 3.1　不定积分的概念与性质

一、判断题

(　　)1. $\int \mathrm{d}F(x) = F(x)$.

(　　)2. $\left[\int f(x)\mathrm{d}x\right]' = f(x)$.

(　　)3. 若 $F'(x) = f(x)$，则 $\int f(x)\mathrm{d}x = F(x) + C$（$C$ 为任意常数）.

二、选择题

(　　)1. 不定积分 $\int f(x)\mathrm{d}x$ 存在，则其结果是

　　A. $f(x)$ 的全体原函数　　　　　B. $f(x)$ 的一个原函数

　　C. 一个确定的常数　　　　　　D. 曲边梯形的面积

(　　)2. $\int (\arctan x)' \mathrm{d}x =$

　　A. $\arctan x$　　　　　　　　B. $\arctan x + C$

　　C. $\dfrac{1}{1+x^2}$　　　　　　　D. $\dfrac{1}{1+x^2} + C$

(　　)3. $\left(\int \arccos x\,\mathrm{d}x\right)' =$

　　A. $-\dfrac{1}{\sqrt{1-x^2}} + C$　　　　B. $-\dfrac{1}{\sqrt{1-x^2}}$

　　C. $\arccos x$　　　　　　　　D. $\arccos x + C$

分院：_____　　　班级：_____　　　学号：_____　　　姓名：_____

三、填空题

1. $x^3 + e^x + 5$ 是_____的原函数.

2. $2x + \cos x$ 的所有原函数是_____.

3. 若 $\int f(x)\mathrm{d}x = x^3 + C$,则 $f(x) =$ _____.

四、解答题

1. $\int (x^3 + x^2 + x + 1)\mathrm{d}x$.

2. $\int (\sin x + \cos x)\mathrm{d}x$.

3. $\int\left(\dfrac{1}{x}+\mathrm{e}^x\right)\mathrm{d}x.$

4. $\int\left(\dfrac{1}{1+x^2}+\dfrac{1}{\sqrt{1-x^2}}\right)\mathrm{d}x.$

5. 设曲线在任意一点 $M(x,y)$ 处的切线斜率为 $4x$，且曲线过点 $(1,5)$，求该曲线的方程.

分院：_____　　　班级：_____　　　学号：_____　　　姓名：_____

习题 3.2 不定积分的基本公式和直接积分法

一、判断题

( )1. $\int 5^x \mathrm{d}x = \dfrac{5^x}{\ln 5} + C$.

( )2. $\int \dfrac{1}{1+x^2} \mathrm{d}x = \arctan x + C$.

( )3. $\int \dfrac{1}{\sqrt{1-x^2}} \mathrm{d}x = \arcsin x + C$.

二、选择题

( )1. $\int (x^2 + x\sqrt{x} + \sqrt{x}) \mathrm{d}x =$

    A. $\dfrac{1}{3}x^3 + \dfrac{2}{5}x^{\frac{5}{2}} + \dfrac{2}{3}x^{\frac{3}{2}} + C$ B. $-\dfrac{1}{3}x^3 - \dfrac{2}{5}x^{\frac{5}{2}} - \dfrac{2}{3}x^{\frac{3}{2}} + C$

    C. $\dfrac{1}{2}x^2 + \dfrac{2}{3}x^{\frac{3}{2}} + \dfrac{1}{2}x^{\frac{1}{2}} + C$ D. $-\dfrac{1}{2}x^2 - \dfrac{2}{3}x^{\frac{3}{2}} - \dfrac{1}{2}x^{\frac{1}{2}} + C$

( )2. $\int \dfrac{1}{x^2(1+x^2)} \mathrm{d}x =$

    A. $-\dfrac{1}{x} + \arctan x + C$ B. $\dfrac{1}{x} + \arctan x + C$

    C. $-\dfrac{1}{x} - \arctan x + C$ D. $\dfrac{1}{x} - \arctan x + C$

( )3. $\int \sin^2 \dfrac{x}{2} \mathrm{d}x =$

    A. $\dfrac{x - \cos x}{2} + C$ B. $\dfrac{x + \cos x}{2} + C$

    C. $\dfrac{x + \sin x}{2} + C$ D. $\dfrac{x - \sin x}{2} + C$

分院：_____   班级：_____   学号：_____   姓名：_____

三、填空题

1. $\int \left(x^2 - \cos x + \dfrac{1}{x} \right) \mathrm{d}x =$ _____ .

2. $\int \dfrac{1}{\sin^2 x \cos^2 x} \mathrm{d}x =$ _____ .

3. $\int \tan^2 x \, \mathrm{d}x =$ _____ .

四、解答题

1. $\int \left(3x^2 + 2x + \dfrac{1}{2\sqrt{x}} \right) \mathrm{d}x .$

2. $\int \left(3\sin x + 4\cos x + \dfrac{5}{x} \right) \mathrm{d}x .$

分院：_____　　班级：_____　　学号：_____　　姓名：_____

3. $\int \left(\dfrac{3}{1+x^2} + 5\mathrm{e}^x \right) \mathrm{d}x.$

4. $\int (x^4 - 2\sin x + 3^x) \mathrm{d}x.$

5. $\int \dfrac{x^4 \, \mathrm{d}x}{1+x^2}.$

习题 3.3　不定积分的换元积分法

一、判断题

(　　)1. 若 $\int f(x)\mathrm{d}x = F(x) + C$，则 $\int 2xf(x^2)\mathrm{d}x = F(x^2) + C$.

(　　)2. $\int (2x+1)^3\mathrm{d}x = \dfrac{1}{6}(2x+1)^4 + C$.

(　　)3. $x\mathrm{e}^{-2x^2}\mathrm{d}x = \mathrm{d}\left(-\dfrac{1}{4}\mathrm{e}^{-2x^2}\right)$.

二、选择题

(　　)1. $\int 3x^2\mathrm{e}^{x^3}\mathrm{d}x =$

A. $\mathrm{e}^{x^3} + C$ 　　　　B. $3\mathrm{e}^{x^3} + C$ 　　　　C. $3x^2\mathrm{e}^{x^3} + C$ 　　D. $3\mathrm{e}^{x^2} + C$

(　　)2. $\int \mathrm{e}^{\sin x}\cos x\mathrm{d}x =$

A. $\mathrm{e}^{\sin x} + C$ 　　　　B. $\mathrm{e}^{\sin x} + 1$ 　　　　C. $\mathrm{e}^{\cos x} + C$ 　　　D. $\mathrm{e}^{x} + C$

(　　)3. $\int \dfrac{1}{\sqrt{1-x^2}}\mathrm{d}x =$

A. $-\dfrac{1}{\sqrt{1-x^2}} + C$ 　　　　　　　　　B. $-\dfrac{1}{\sqrt{1-x^2}}$

C. $\arcsin x + C$ 　　　　　　　　　　　　D. $\arccos x + C$

三、填空题

1. $\int \mathrm{e}^{6x}\mathrm{d}x = $ _____.

2. $\int \sin^5 x\cos x\mathrm{d}x = $ _____.

3. $\int \cos(3x+4)\mathrm{d}x = $ _____.

分院：_____　　　班级：_____　　　学号：_____　　　姓名：_____

四、解答题

1. $\int \sin(2x+5)\mathrm{d}x.$

2. $\int \dfrac{\ln^3 x}{x}\mathrm{d}x.$

3. $\int \dfrac{1}{9+x^2}\mathrm{d}x.$

4. $\int \dfrac{\sqrt{x}}{1+\sqrt{x}}\mathrm{d}x.$

5. $\int \dfrac{1}{\sqrt{9+x^2}}\mathrm{d}x.$

分院：_____   班级：_____   学号：_____   姓名：_____

习题 3.4　不定积分的分部积分法

一、判断题

(　　)1. 分部积分公式为 $\int u \mathrm{d}v = uv + \int v \mathrm{d}u$.

(　　)2. $\int x^2 \ln x \mathrm{d}x = \dfrac{1}{3} x^3 \ln x - \dfrac{1}{9} x^3 + C$.

(　　)3. $\int x \cos x \mathrm{d}x = \int x \mathrm{d}(\sin x) = x \sin x + \cos x + C$.

二、选择题

(　　)1. $\int x \mathrm{e}^{-x} \mathrm{d}x =$

　　A. $-(x+1)\mathrm{e}^{-x} + C$　　　　　　　　B. $(x-1)\mathrm{e}^{-x} + C$

　　C. $-x\mathrm{e}^{-x} + C$　　　　　　　　　　D. $-x\mathrm{e}^{-x} - \mathrm{e}^{-x}$

(　　)2. $\int 2\arctan x \mathrm{d}x =$

　　A. $2x\arctan x - \ln(1+x^2) + C$　　　　B. $\dfrac{1}{1+x^2} + C$

　　C. $2x\arctan x + \ln(1+x^2) + C$　　　　D. $2x\arctan x + C$

(　　)3. $\int x \cos 3x \mathrm{d}x =$

　　A. $\dfrac{1}{3} x \sin 3x + C$　　　　　　　　B. $\dfrac{1}{9} \cos 3x + C$

　　C. $x \sin 3x + C$　　　　　　　　　　　D. $\dfrac{1}{3} x \sin 3x + \dfrac{1}{9} \cos 3x + C$

三、填空题

1. $\int 2\ln x \mathrm{d}x = $ _____.

2. $\int x^2 \sin x \mathrm{d}x = $ _____.

3. $\int x \mathrm{e}^x \mathrm{d}x = $ _____.

分院：_____　　　班级：_____　　　学号：_____　　　姓名：_____

四、解答题

1. $\int x\sin x\,\mathrm{d}x.$

2. $\int \dfrac{\ln x}{x^2}\,\mathrm{d}x.$

3. $\int 2\arcsin x\,\mathrm{d}x.$

4. $\int \mathrm{e}^{\sqrt{x}}\,\mathrm{d}x.$

5. $\int 2\mathrm{e}^x\sin x\,\mathrm{d}x.$

分院：_____   班级：_____   学号：_____   姓名：_____

习题 3.5　定积分的概念与性质

一、判断题

(　　)1.定积分只与被积函数和积分区间有关,而与积分变量的记号无关.

(　　)2.$\int_a^b [f(x) \pm g(x)] \mathrm{d}x = \int_a^b f(x) \mathrm{d}x \pm \int_a^b g(x) \mathrm{d}x$.

(　　)3.$\int_0^{2\pi} \sin x \mathrm{d}x = \int_0^{\pi} \sin x \mathrm{d}x + \int_{\pi}^{2\pi} \sin x \mathrm{d}x$.

二、选择题

(　　)1.下列各式错误的是

A.$\int_a^a f(x) \mathrm{d}x = 0$

B.$\int_a^b f(x) \mathrm{d}x = -\int_b^a f(x) \mathrm{d}x$

C.$\int_a^b \mathrm{d}x = b + a$

D.$\int_a^b k f(x) \mathrm{d}x = k \int_a^b f(x) \mathrm{d}x \ (k \neq 0)$

(　　)2.用定积分表示由曲线 $y = x^3$,直线 $x = 1, x = 2$ 及 $y = 0$ 所围成的曲边梯形的面积为

A.$\int x^3 \mathrm{d}x$　　　　B.$\int_1^2 x^3 \mathrm{d}x$　　　　C.$\int_0^1 x^3 \mathrm{d}x$　　　　D.$\int_0^2 x^3 \mathrm{d}x$

(　　)3.用定积分表示由曲线 $y = \ln x$,直线 $x = \dfrac{1}{e}, x = 1$ 及 x 轴所围成的曲边梯形的面积为

A.$\int \ln x \mathrm{d}x$　　　B.$\int_0^1 \ln x \mathrm{d}x$　　　C.$-\int_{\frac{1}{e}}^1 \ln x \mathrm{d}x$　　　D.$\int_{\frac{1}{e}}^1 x \mathrm{d}x$

分院:_____　　班级:_____　　学号:_____　　姓名:_____

三、填空题

1. 比较两个定积分的大小：$\displaystyle\int_0^1 x^2 \, \mathrm{d}x$ _____ $\displaystyle\int_0^1 x^5 \, \mathrm{d}x$.

2. 比较两个定积分的大小：$\displaystyle\int_0^1 \mathrm{e}^{x^2} \, \mathrm{d}x$ _____ $\displaystyle\int_0^1 \mathrm{e}^{x^3} \, \mathrm{d}x$.

3. $\displaystyle\int_0^1 \sqrt{1-x^2} \, \mathrm{d}x =$ _____ .

四、解答题

1. 比较两个定积分的大小：$I_1 = \displaystyle\int_0^1 x^2 \, \mathrm{d}x$，$I_2 = \displaystyle\int_0^1 \sqrt{x} \, \mathrm{d}x$.

2. 比较两个定积分的大小：$I_1 = \displaystyle\int_1^2 5^x \, \mathrm{d}x$，$I_2 = \displaystyle\int_1^2 6^x \, \mathrm{d}x$.

分院：_____   班级：_____   学号：_____   姓名：_____

3.估计定积分的值 $\displaystyle\int_0^3 (x^2+2)\mathrm{d}x$.

4.估计定积分的值 $\displaystyle\int_{\frac{\pi}{4}}^{\frac{3\pi}{4}} (1+2\sin^2 x)\mathrm{d}x$.

5.利用定积分的几何意义计算定积分 $\displaystyle\int_{-4}^{4} \sqrt{16-x^2}\mathrm{d}x$.

习题 3.6 牛顿 — 莱布尼茨公式

一、判断题

( )1. 设函数 $f(x)$ 在闭区间 $[a,b]$ 上连续，又 $F(x)$ 是 $f(x)$ 的一个原函数，则有 $\int_a^b f(x)\mathrm{d}x = F(b) - F(a)$.

( )2. $\int_0^1 \dfrac{1}{1+x^2}\mathrm{d}x = \dfrac{\pi}{4}$.

( )3. $\int_{\frac{\pi}{6}}^{\frac{\pi}{4}} \cos^2 x\mathrm{d}x = \dfrac{\pi}{24} + \dfrac{2-\sqrt{3}}{8}$.

二、选择题

( )1. $\int_0^{\frac{\pi}{2}} \sin x\mathrm{d}x =$

A. 1   B. 2   C. 3   D. 4

( )2. $\int_0^1 (1+x^2)\mathrm{d}x =$

A. $-\dfrac{4}{3}$ B. $\dfrac{4}{3}$ C. $\dfrac{2}{3}$ D. $-\dfrac{2}{3}$

( )3. $\int_{-1}^1 \sqrt{x^2}\mathrm{d}x =$

A. 1   B. 2   C. 3   D. 4

三、填空题

1. 设 $F(x) = \int_5^x (3t^2 - 2t + 1)\mathrm{d}t$，则 $F'(x) = $ _____.

2. 设 $G(x) = \int_5^{x^2} \sin 3t\mathrm{d}t$，则 $G'(x) = $ _____.

3. $\int_0^1 2x(1+x)\mathrm{d}x = $ _____.

分院：_____   班级：_____   学号：_____   姓名：_____

四、解答题

1. 计算 $\lim\limits_{x\to 0}\dfrac{\int_0^x 3t^2\,\mathrm{d}t}{x^3}$.

2. $\int_1^4 \sqrt{x}\,\mathrm{d}x$.

3. $\int_0^{\frac{\pi}{3}} \tan x\,\mathrm{d}x$.

4. $\int_{-1}^{1} \dfrac{\mathrm{e}^x}{1+\mathrm{e}^x}\,\mathrm{d}x$.

5. $\int_0^{\pi} \sqrt{\sin x - \sin^3 x}\,\mathrm{d}x$.

分院：_____　　班级：_____　　学号：_____　　姓名：_____

习题 3.7　定积分的换元积分法和分部积分法

一、判断题

(　　)1. 设 $f(x)$ 在 $[-a,a]$ 上连续,若 $f(x)$ 为偶函数,则 $\int_{-a}^{a} f(x)\mathrm{d}x = 0$.

(　　)2. 设 $f(x)$ 在 $[-a,a]$ 上连续,若 $f(x)$ 为奇函数,则 $\int_{-a}^{a} f(x)\mathrm{d}x = 0$.

(　　)3. 定积分的分部积分公式为 $\int_{a}^{b} u\mathrm{d}v = uv\big|_{a}^{b} - \int_{a}^{b} v\mathrm{d}u$.

二、选择题

(　　)1. $\int_{1}^{4} \dfrac{1}{x+\sqrt{x}}\mathrm{d}x =$

　　A. $2(\ln3 - \ln2)$ 　　　　　　　B. $2(\ln5 - \ln2)$

　　C. $2(\ln5 - \ln4)$ 　　　　　　　D. $2(\ln4 - \ln3)$

(　　)2. $\int_{0}^{1} \dfrac{2}{\sqrt{4-x^2}}\mathrm{d}x =$

　　A. $\dfrac{\pi}{3}$ 　　　　　　　　B. $\dfrac{\pi}{4}$

　　C. $\dfrac{\pi}{6}$ 　　　　　　　　D. $\dfrac{\pi}{2}$

(　　)3. $\int_{0}^{4} \dfrac{1}{\sqrt{9+x^2}}\mathrm{d}x =$

　　A. $\ln2$ 　　　　　　　　B. $\ln3$

　　C. $\ln4$ 　　　　　　　　D. $\ln9$

三、填空题

1. $\int_{0}^{1} \mathrm{e}^{\sqrt{x}}\mathrm{d}x =$ _____.

2. $\int_{-\pi}^{\pi} 2x^3\cos^2 x\mathrm{d}x =$ _____.

3. $\int_{0}^{1} x\mathrm{e}^x\mathrm{d}x =$ _____.

分院:_____　　班级:_____　　学号:_____　　姓名:_____

四、解答题

1. $\int_0^9 \dfrac{1}{1+\sqrt{x}}\mathrm{d}x.$

2. $\int_0^2 \dfrac{1}{4+x^2}\mathrm{d}x.$

3. $\int_0^1 \dfrac{\sqrt{x}}{x+\sqrt{x}}\mathrm{d}x.$

4. $\int_1^2 x\ln x\,\mathrm{d}x.$

5. $\int_0^1 \arctan\sqrt{x}\,\mathrm{d}x.$

分院：_____　　班级：_____　　学号：_____　　姓名：_____

*习题 3.8　广义积分

一、判断题

(　　)1. $\int_a^{+\infty} f(x)\mathrm{d}x = \lim\limits_{b\to+\infty}\int_a^b f(x)\mathrm{d}x.$

(　　)2. $\int_a^b f(x)\mathrm{d}x = \lim\limits_{\varepsilon\to 0^+}\int_{a+\varepsilon}^b f(x)\mathrm{d}x.$

(　　)3. 广义积分 $\int_1^{+\infty}\dfrac{1}{x^p}\mathrm{d}x$，当 $p>1$ 时收敛，$p\leqslant 1$ 时发散.

二、选择题

(　　)1. $\int_{-\infty}^0 x\mathrm{e}^x\mathrm{d}x =$

　　A. -1　　　　　　　B. -2　　　　　　　C. 1　　　　　　　D. 2

(　　)2. $\int_0^{+\infty}\dfrac{1}{1+x^2}\mathrm{d}x =$

　　A. $\dfrac{\pi}{2}$　　　　　　　　　　　　B. π

　　C. $-\dfrac{\pi}{2}$　　　　　　　　　　　D. $-\pi$

(　　)3. $\int_0^{+\infty}\dfrac{x}{(1+x)^3}\mathrm{d}x =$

　　A. $\dfrac{2}{3}$　　　　　　　　　　　　B. $-\dfrac{2}{3}$

　　C. $\dfrac{1}{2}$　　　　　　　　　　　　D. $-\dfrac{1}{2}$

三、填空题

1. $\int_1^{+\infty}\dfrac{1}{x^4}\mathrm{d}x =$ _____.

2. $\int_0^1\dfrac{1}{\sqrt{x}}\mathrm{d}x =$ _____.

3. $\int_0^2\dfrac{1}{\sqrt{4-x^2}}\mathrm{d}x =$ _____.

分院：_____　　　班级：_____　　　学号：_____　　　姓名：_____

四、解答题

1. $\displaystyle\int_0^{+\infty} \mathrm{e}^{-x}\mathrm{d}x.$

2. $\displaystyle\int_{-\infty}^{+\infty} \frac{1}{4+x^2}\mathrm{d}x.$

3. $\displaystyle\int_0^3 \frac{1}{\sqrt{9-x^2}}\mathrm{d}x.$

4. $\displaystyle\int_{\mathrm{e}}^{+\infty} \frac{1}{x\ln^3 x}\mathrm{d}x.$

5. $\displaystyle\int_{-2}^2 \frac{1}{x^3}\mathrm{d}x.$

分院：_____　　　　班级：_____　　　　学号：_____　　　　姓名：_____

习题 3.9 定积分的微元法及其应用

一、判断题

( ) 1. 函数 $y = f_1(x), y = f_2(x)$ 均在区间 $[a, b]$ 上连续，且 $f_1(x) \geqslant f_2(x), x \in [a, b]$，则由 $y = f_1(x), y = f_2(x), x = a, x = b$ 所围成的平面图形的面积 $S = \int_a^b [f_1(x) - f_2(x)] \mathrm{d}x$.

( ) 2. 若平面图形是由连续曲线 $x = \varphi(y), x = \psi(y), (\psi(y) \leqslant \varphi(y)), y = c, y = d$ 所围成的，其面积为 $S = \int_c^d [\varphi(y) - \psi(y)] \mathrm{d}y$.

( ) 3. 曲线 $y = \cos x$ 在 $[0, 2\pi]$ 上与 x 轴所围成平面图形的面积为 0.

二、选择题

( ) 1. 曲线 $y = x^2$ 及 $y = 2 - x^2$ 所围成的平面图形的面积为

A. $\dfrac{8}{3}$ B. $\dfrac{4}{3}$

C. $\dfrac{16}{3}$ D. $\dfrac{32}{3}$

( ) 2. 曲线 $y = \mathrm{e}^x$，直线 $x = 0, x = 1$ 及 $y = 0$ 所围成的平面图形的面积为

A. $\mathrm{e} + 1$ B. $\mathrm{e} - 1$

C. $\mathrm{e} - 2$ D. $\mathrm{e} + 2$

( ) 3. 椭圆 $\dfrac{x^2}{a^2} + \dfrac{y^2}{b^2} = 1$ 的面积为

A. $\dfrac{1}{2}\pi ab$ B. $2\pi ab$

C. πab D. $4\pi ab$

分院：_____ 班级：_____ 学号：_____ 姓名：_____

三、填空题

1. 曲线 $x = y^2$ 及直线 $y = x - 2$ 所围成的平面图形的面积为 _____.

2. 由 $y = x^2$ 及 $x = 1, y = 0$ 所围成的平面图形绕 x 轴旋转一周而成的旋转体的体积为 _____.

3. 椭圆 $\dfrac{x^2}{4} + \dfrac{y^2}{25} = 1$ 绕 x 轴旋转一周而成的旋转体的体积为 _____.

四、解答题

1. 求由 $y = x^2$ 及 $y^2 = x$ 所围成的平面图形的面积.

2. 求由 $y = x - 4$ 及 $y^2 = 2x$ 所围成的平面图形的面积.

分院：_____　　　班级：_____　　　学号：_____　　　姓名：_____

3. 求由 $y = x^2 - 3$ 及 $y = 2x$ 所围成的平面图形的面积.

4. 求由 $y = x^3$，$y = 8$ 及 y 轴所围成的曲边梯形绕 y 轴旋转一周而成的旋转体的体积.

5. 求椭圆 $\dfrac{x^2}{36} + \dfrac{y^2}{25} = 1$ 绕 y 轴旋转一周而成的旋转体的体积.

分院：_____   班级：_____   学号：_____   姓名：_____

第 3 章自测题

一、判断题(每小题 2 分,共 20 分)

(　　)1. 分部积分公式为 $\int u\mathrm{d}v = uv - \int v\mathrm{d}u$.

(　　)2. $\int \sin x\mathrm{d}x = -\cos x + C$.

(　　)3. $\int \dfrac{1}{1+x^2}\mathrm{d}x = \arcsin x + C$.

(　　)4. $\int 5^x\mathrm{d}x = \dfrac{5^x}{\ln 5} + C$.

(　　)5. $\int_3^3 f(x)\mathrm{d}x = 0$.

(　　)6. $\int_2^5 f(x)\mathrm{d}x = \int_5^2 f(x)\mathrm{d}x$.

(　　)7. $\int_0^1 \sqrt{x}\,\mathrm{d}x \leqslant \int_0^1 x^3\mathrm{d}x$.

(　　)8. $\int_{-2\pi}^{2\pi} x^3\cos^6 x\mathrm{d}x = 0$.

(　　)9. 若 $f(x)$ 在 $[a,b]$ 上连续,且 $\int_a^b f(x)\mathrm{d}x = 0$,则 $\int_a^b [f(x)+5]\mathrm{d}x = 5$.

(　　)10. $\int_2^6 f(x)\mathrm{d}x = \int_2^5 f(x)\mathrm{d}x + \int_5^6 f(x)\mathrm{d}x$.

二、选择题(每小题 2 分,共 10 分)

(　　)1. $\int (4x^3 + 2x)\mathrm{d}x =$

  A. $4x^3 + 2x + C$ B. $4x^4 + 2x^2 + C$

  C. $x^4 + x^2 + C$ D. $3x^3 + 2x + C$

(　　)2. $\int (3x+2)^2\mathrm{d}x =$

  A. $\dfrac{1}{9}(3x+2)^3 + C$ B. $\dfrac{1}{6}(3x+2)^3 + C$

  C. $\dfrac{1}{9}(3x+2)^2 + C$ D. $\dfrac{1}{6}(3x+2)^2 + C$

分院:_____   班级:_____   学号:_____   姓名:_____

(   )3. $\int 2\sin 2x\,\mathrm{d}x$ 的值为

      A. $\cos 2x + C$ B. $2\sin 2x + C$

      C. $-2\cos 2x + C$ D. $-\cos 2x + C$

(   )4. 若定积分 $\int_a^b f(x)\,\mathrm{d}x$ 存在，则其结果是

      A. 一个确定的常数   B. 一个与变量 x 有关的值

      C. 一个不确定的值   D. 梯形的面积

(   )5. $\int_{-2}^{1} |x+1|\,\mathrm{d}x =$

      A. 1   B. $\dfrac{3}{2}$ C. 2   D. $\dfrac{5}{2}$

三、填空题（每小题 2 分，共 20 分）

1. 若 $F(x)$ 是 $f(x)$ 的一个原函数，则 $\int 5x^4 f(x^5)\,\mathrm{d}x =$ _____.

2. $\int_0^1 x^3\,\mathrm{d}x =$ _____.

3. $\int_2^2 \dfrac{1}{x}\,\mathrm{d}x =$ _____.

4. $\int_{-1}^{1} (x^4\sin x + x^3)\,\mathrm{d}x =$ _____.

5. 若 $\int f(x)\,\mathrm{d}x = x^2 + C$（$C$ 为任意常数），则 $f'(x) =$ _____.

6. $\int \left(x^2 + x + \dfrac{3}{x}\right)\mathrm{d}x =$ _____.

7. 如果 $f(x)$ 在区间 $[-a,a]$ 上连续且为奇函数，则有 $\int_{-a}^{a} f(x)\,\mathrm{d}x =$ _____.

8. $\int \dfrac{2x}{\sqrt{1-x^4}}\,\mathrm{d}x =$ _____.

9. $\int x\cos x\,\mathrm{d}x =$ _____.

10. 由曲线 $y = x^2 + 3$ 与直线 $x = 1, x = 4$ 及 x 轴所围成的曲边梯形的面积用定积分表示为 _____.

分院：_____   班级：_____   学号：_____   姓名：_____

四、解答题(共 50 分)

1.求下列不定积分(每小题 5 分,共 20 分).

$(1) \int \left(3x^2 - 2\cos x + \dfrac{9}{x}\right) \mathrm{d}x.$
$\qquad$
$(2) \int 3x \mathrm{e}^{x^2} \mathrm{d}x.$

$(3) \int x \ln x \mathrm{d}x.$
$\qquad$
$(4) \int \sin^5 x \cos x \mathrm{d}x.$

2.求下列定积分(每小题 5 分,共 20 分).

$(1) \int_0^1 (3x - 4x^2) \mathrm{d}x.$
$\qquad$
$(2) \int_0^1 \dfrac{x}{1+x^2} \mathrm{d}x.$

分院:_____　　班级:_____　　学号:_____　　姓名:_____

$(3)\displaystyle\int_4^5 (x-5)^{2015}\mathrm{d}x.$ $(4)\displaystyle\int_1^{16} \frac{1}{x+\sqrt{x}}\mathrm{d}x.$

3.求由 $y = x^2 - 6$ 及 $y = x$ 所围成的平面图形的面积(5分).

4.求椭圆 $\dfrac{x^2}{9} + \dfrac{y^2}{25} = 1$ 绕 x 轴旋转一周而成的旋转体的体积(5分).

分院:_____ 班级:_____ 学号:_____ 姓名:_____

第 4 章　常微分方程

习题 4.1　微分方程的一般概念

一、判断题

(　　)1. $y' + y = \cos x$ 是一阶微分方程.

(　　)2. $\dfrac{\mathrm{d}^2 y}{\mathrm{d}x^2} + 2\dfrac{\mathrm{d}y}{\mathrm{d}x} - x^3 = 0$ 是二阶微分方程.

(　　)3. $y = \mathrm{e}^{3x}$ 不是微分方程 $y'' - 4y' + 3y = 0$ 的解.

二、选择题

(　　)1. 方程 $y' = 3x + 1$ 的通解是

　　A. $y = \dfrac{3}{2}x^2 + x + C$　　　　　　　　B. $y = \dfrac{3}{2}x^2 + x + 1$

　　C. $y = x + C$　　　　　　　　　　　　D. $y = 3x^2 - 1$

(　　)2. 方程 $\dfrac{\mathrm{d}y}{\mathrm{d}x} = \sin x$ 的特解是

　　A. $y = \cos x$　　　　　　　　　　　B. $y = -\cos x$

　　C. $y = \cos x + C$　　　　　　　　　D. $y = -\cos x + C$

(　　)3. 微分方程 $y^{(4)} + y''' + y = \cos^5 x$ 的通解中含有的独立任意常数的个数是

　　A. 1　　　　　　　B. 3　　　　　　　C. 4　　　　　　　D. 5

分院：_____　　　班级：_____　　　学号：_____　　　姓名：_____

三、填空题

1. $x(y')^2 - 2y + x = 0$ 是 _____ 阶微分方程.

2. 函数 $y = \sin x$ 是微分方程 $y' = \cos x$ 的 _____ 解.

3. 若某微分方程的通解 $x^2 + y^2 = C$ 满足初始条件 $y\big|_{x=0} = 5$,则 $C =$ _____ .

四、解答题

1. 若某曲线在点 (x, y) 处的切线斜率等于该点横坐标的平方,试写出满足上述条件的微分方程.

2. 验证函数 $y = C_1 \cos x + C_2 \sin x$ 是微分方程 $y'' + y = 0$ 的通解.

分院:_____   班级:_____   学号:_____   姓名:_____

3.验证函数 $y_1=2\mathrm{e}^x$ 与 $y_2=x\mathrm{e}^x$ 是线性相关,还是线性无关.

4.判断下列微分方程是否为线性微分方程:

(1) $y'-2xy=1$

(2) $\dfrac{\mathrm{d}^2y}{\mathrm{d}x^2}-3\dfrac{\mathrm{d}y}{\mathrm{d}x}+2=0$

(3) $3x^2yy'=y^3-3$

分院:_____　　　班级:_____　　　学号:_____　　　姓名:_____

习题 4.2 一阶微分方程

一、判断题

( ) 1. $y'+2xy=0$ 的通解是 $y=Ce^{x^2}$.

( ) 2. $y'=e^{x+y}$ 的通解是 $e^x+e^{-y}=C$.

( ) 3. $x\dfrac{\mathrm{d}y}{\mathrm{d}x}-y\ln y=0$ 是可分离变量的微分方程.

二、选择题

( ) 1. 方程 $\dfrac{\mathrm{d}y}{\mathrm{d}x}=xy$ 的通解是

    A. $y=Ce^{-\frac{x^2}{2}}$ B. $y=Ce^{\frac{x^2}{2}}$ C. $y=Ce^{-2x^2}$ D. $y=Ce^{2x^2}$

( ) 2. 某曲线过原点,且它在点 (x,y) 处的切线斜率等于 e^x+y,则曲线方程是

    A. $y=xe^x$ B. $y=x(e^x+1)$

    C. $y=e^x$ D. $y=e^x(x+C)$

( ) 3. 微分方程 $y'+2y=1$ 的通解是

    A. $y=Ce^{2x}$ B. $y=Ce^{-2x}$

    C. $y=-\dfrac{1}{2}+Ce^{-2x}$ D. $y=\dfrac{1}{2}+Ce^{-2x}$

三、填空题

1. 一阶线性齐次微分方程 $y'+P(x)y=0$ 的通解公式是 _____.

2. 一阶线性非齐次微分方程 $y'+P(x)y=Q(x)$ 的通解公式是 _____.

3. 微分方程 $\dfrac{\mathrm{d}y}{\mathrm{d}x}=\sqrt{xy}$ 的通解是 _____.

四、解答题

1. 求微分方程 $y'=e^{2x+y}$ 的通解.

分院:_____   班级:_____   学号:_____   姓名:_____

2.求微分方程 $2x^2yy' = y^2 + 1$ 的通解.

3.求微分方程 $(1+x^2)\mathrm{d}y - 2x(1+y^2)\mathrm{d}x = 0$ 满足初始条件 $y\big|_{x=0} = 1$ 的特解.

4.求微分方程 $y' + 2xy = 2x$ 的通解.

分院:_____　　班级:_____　　学号:_____　　姓名:_____

习题 4.3 可降阶的高阶微分方程

一、判断题

(   )1. 微分方程 $y'' = x + \sin x$ 的通解是 $y = \dfrac{x^3}{6} + \sin x + C$.

(   )2. 微分方程 $y'' = \dfrac{1}{\sqrt{x}}$ 的通解是 $y = \dfrac{4}{3}x^{\frac{3}{2}} + C_1 x + C_2$.

(   )3. 微分方程 $y''' = \mathrm{e}^x$ 的通解是 $y = \mathrm{e}^x + C_1 x^2 + C_2 x + C_3$.

二、选择题

(   )1. 方程 $y'' = x + 1$ 的通解是

    A. $y = \dfrac{1}{6}x^3 + \dfrac{1}{2}x^2$ B. $y = \dfrac{1}{2}x^2 + 1$

    C. $y = \dfrac{1}{6}x^3 + \dfrac{1}{2}x^2 + C_1 x + C_2$ D. $y = \dfrac{3}{2}x^3 + x + C$

(   )2. 方程 $\dfrac{\mathrm{d}^2 y}{\mathrm{d}x^2} = \sin 2x$ 满足初始条件 $y|_{x=0} = 1$，$y'|_{x=\frac{\pi}{4}} = 1$ 的特解是

    A. $y = -\dfrac{1}{4}\sin 2x + x + 1$ B. $y = -\dfrac{1}{4}\sin 2x + \dfrac{1}{\pi}x + 1$

    C. $y = -4\sin 2x$ D. $y = -\dfrac{1}{4}\cos 4x + C_1 x + C_2$

(   )3. 下列函数中不是微分方程 $y'' = \mathrm{e}^x$ 的解的是

    A. $y = \mathrm{e}^x$ B. $y = \mathrm{e}^x + 1$

    C. $y = \mathrm{e}^x + x$ D. $y = 2\mathrm{e}^x + x^3$

三、填空题

1. 微分方程 $y'' = \cos x$ 的通解是_____.

2. 微分方程 $y'' = 6x$ 的通解是_____.

3. 微分方程 $xy'' - y' = 0$ 的通解是_____.

分院：_____　　　班级：_____　　　学号：_____　　　姓名：_____

四、解答题

1.求微分方程 $y''=y'+x$ 的通解.

2.求微分方程 $y'''=e^{2x}$ 的通解.

3.求微分方程 $(1+x^2)y''=2xy'$ 满足初始条件 $y|_{x=0}=1, y'|_{x=0}=3$ 的特解.

分院:_____   班级:_____   学号:_____   姓名:_____

习题 4.4 二阶线性微分方程

一、判断题

( )1. 若函数 $y_1(x)$ 与 $y_2(x)$ 是二阶线性齐次方程 $y'' + P(x)y' + Q(x)y = 0$ 的两个线性无关特解,则 $y = C_1 y_1(x) + C_2 y_2(x)$ $(C_1, C_2$ 是任意常数$)$就是此方程的通解.

( )2. 微分方程 $y'' - 2y = 0$ 的特征方程是 $r^2 - 2r = 0$.

( )3. $y^* = e^{-3x}$ 是微分方程 $y'' + y = 10e^{-3x}$ 的一个特解.

二、选择题

( )1. 微分方程 $y'' - 4y' + 3y = 0$ 的通解是

A. $y = C_1 e^{-x} + C_2 e^{3x}$ B. $y = C_1 e^{x} + C_2 e^{3x}$

C. $y = C_1 e^{-x} + C_2 e^{-3x}$ D. $y = C(e^{x} + e^{3x})$

( )2. 微分方程 $y'' - 6y' + 9y = 0$ 的通解是

A. $y = (C_1 + C_2 x)e^{3x}$ B. $y = (C_1 + C_2 x)e^{-3x}$

C. $y = C_1 e^{-6x} + C_2 e^{9x}$ D. $y = Ce^{3x}$

( )3. 微分方程 $2y'' + y' - y = 0$ 的通解是

A. $y = C_1 e^{-2x} + C_2 e^{x}$ B. $y = (C_1 + C_2 x)e^{x}$

C. $y = C_1 e^{\frac{1}{2}x} + C_2 e^{-x}$ D. $y = e^{x}$

三、填空题

1. 微分方程 $y'' - 2y' + y = 0$ 的通解是_____.

2. 微分方程 $y'' - 2y' - 3y = 3x + 1$ 的特解形式是_____.

3. 微分方程 $y'' - 5y' = 0$ 的通解是_____.

四、解答题

1. 若 $y_1 = e^{2x}$ 与 $y_2 = e^{3x}$ 为微分方程 $y'' + py' + qy = 0$ 的解,求 p, q 的值.

分院:_____ 班级:_____ 学号:_____ 姓名:_____

2.求微分方程 $y''-10y'+25y=0$ 的通解.

3.求微分方程 $y''-3y'-4y=0$ 满足初始条件 $y|_{x=0}=0$，$y'|_{x=0}=-5$ 的特解.

4.求微分方程 $y''+2y'+3y=0$ 的通解.

分院：_____   班级：_____   学号：_____   姓名：_____

第4章自测题

一、判断题(每小题 **2** 分,共 **20** 分)

(　　)1. 含有未知函数是一元函数 $y=f(x)$ 的微分方程叫常微分方程.

(　　)2. 微分方程的解有通解和特解两种形式.

(　　)3. $y'-2y^2=\mathrm{e}^{-3x}$ 是二阶微分方程.

(　　)4. 微分方程 $y'=4xy$ 可用分离变量法求解,也可用公式 $y=C\mathrm{e}^{-\int P(x)\mathrm{d}x}$ 求解.

(　　)5. $(\sin x)''-4(\sin x)'=0$ 是二阶线性微分方程.

(　　)6. 微分方程的通解中含有的独立任意常数的个数与该方程的阶数必相同.

(　　)7. $y''+4y'+6y=0$ 的特征方程是 $r^2+4r+6=0$.

(　　)8. $y_1=\mathrm{e}^{-3x},y_2=\mathrm{e}^{-4x}$ 都是微分方程 $y''+7y'+12y=0$ 的解.

(　　)9. $y''+2xy'+y=1$ 是二阶常系数线性齐次微分方程.

(　　)10. 微分方程 $y'''=2x+1$ 的通解是 $y=\dfrac{1}{12}x^4+\dfrac{1}{6}x^3$.

二、选择题(每小题 **2** 分,共 **10** 分)

(　　)1. 下列微分方程中,通解是 $y=(C_1+C_2x)\mathrm{e}^x$ 的方程是

      A. $y''-2y'+y=0$ B. $y''-2y'+y=1$

      C. $y''-y'-y=0$ D. $y''+y'-1=0$

(　　)2. 微分方程 $y''+y'=0$ 的通解是

      A. $y=(C_1+C_2x)\mathrm{e}^{-x}$ B. $y=(C_1+C_2)\mathrm{e}^x$

      C. $y=C_1+C_2\mathrm{e}^{-x}$ D. $y=C\mathrm{e}^{-x}$

(　　)3. 微分方程 $y''+5y'-6y=0$ 的通解是

      A. $y=C_1\mathrm{e}^{-6x}+C_2\mathrm{e}^x$ B. $y=\mathrm{e}^{-6x}$

      C. $y=C_1\mathrm{e}^{6x}+C_2\mathrm{e}^{-x}$ D. $y=C\mathrm{e}^x$

(　　)4. 微分方程 $y'-\dfrac{1}{x}y=0$ 的通解是

      A. $y=C_1+C_2x$ B. $y=x$ C. $y=C\ln x$ D. $y=Cx$

(　　)5. 微分方程 $y^{(4)}+3y^2=\mathrm{e}^x\sin x$ 的通解中含有独立的任意常数的个数是

      A. 0   B. 2   C. 4   D. 无法判定

分院:_____　　班级:_____　　学号:_____　　姓名:_____

三、填空题(每小题 2 分,共 20 分)

1. 微分方程 $y''+3y'-4y=0$ 的特征方程是_____.

2. 微分方程 $\dfrac{\mathrm{d}y}{\mathrm{d}x}=\dfrac{y}{\ln y}$ 的通解是_____.

3. $x\mathrm{d}x+y^2\mathrm{d}y=0$ 是_____阶微分方程.

4. 微分方程 $(1+e^x)y'=ye^x$ 满足初始条件 $y|_{x=0}=1$ 的特解是_____.

5. 过点 $(1,0)$ 且任意点处切线斜率为 $2x$ 的曲线方程是_____.

6. 微分方程 $y''-8y'+15y=0$ 的通解是_____.

7. $(y'')^2-2y'''=1$ _____(填"是"或"不是")线性微分方程.

8. 微分方程 $y'+xy=0$ 满足初始条件 $y|_{x=0}=2$ 的特解是_____.

9. 微分方程 $y'=3xy$ 分离变量后可写成_____.

10. 微分方程 $y'+\dfrac{y}{x}=\dfrac{1}{x}$ 的通解是_____.

四、计算与解答题(共 50 分)

1. 求微分方程 $3x^2+5x-5y'=0$ 的通解.(10 分)

2. 求微分方程 $y''-8y'+7y=0$ 的通解.(10 分)

分院:_____　班级:_____　学号:_____　姓名:_____

3.求微分方程 $y'=x+y$ 满足初始条件 $y|_{x=0}=0$ 的特解.(10分)

4.写出微分方程 $y''-5y'+6y=xe^{2x}$ 的一个特解形式 y^*.(10分)

5.求同时满足条件 $f''(x)=f'(x)$，$f(0)=1$ 和 $f'(0)=2$ 的函数表达式 $f(x)$.(10分)

第5章 无穷级数

习题5.1 常数项级数的概念与性质

一、判断题

(　　)1.若级数 $\sum\limits_{n=1}^{\infty} u_n$ 收敛,则有 $\lim\limits_{n\to\infty} u_n = 0$;若 $\lim\limits_{n\to\infty} u_n \neq 0$,则级数 $\sum\limits_{n=1}^{\infty} u_n$ 必发散.

(　　)2.对等比级数 $\sum\limits_{n=0}^{\infty} aq^n$,当 $|q| < 1$ 时,其和 $S = \dfrac{a}{1-q}$.

(　　)3.若级数 $\sum\limits_{n=1}^{\infty} a_n$, $\sum\limits_{n=1}^{\infty} b_n$ 分别收敛于 S,σ,则级数 $\sum\limits_{n=1}^{\infty}(a_n \pm b_n)$ 也收敛,且其和为 $S \pm \sigma$.

二、选择题

(　　)1.下列级数收敛的是

    A. $\sum\limits_{n=1}^{\infty} \left(\dfrac{1}{2}\right)^n$ B. $\sum\limits_{n=1}^{\infty} \left(\dfrac{3}{2}\right)^n$ C. $\sum\limits_{n=1}^{\infty} 3^n$ D. $\sum\limits_{n=1}^{\infty} 2^n$

(　　)2.下列级数收敛的是

    A. $\sum\limits_{n=1}^{\infty}(-1)^n$ B. $\sum\limits_{n=1}^{\infty} \dfrac{1}{n}$

    C. $\sum\limits_{n=1}^{\infty} \dfrac{n}{n+1}$ D. $\sum\limits_{n=1}^{\infty} \left(-\dfrac{1}{2}\right)^n$

(　　)3.在一个级数中,以下哪种变化可能会改变原级数的敛散性

    A.去掉有限项   B.增加有限项

    C.改变有限项   D.增加无限项

分院:＿＿＿＿＿＿＿　　班级:＿＿＿＿＿＿＿　　学号:＿＿＿＿＿＿＿　　姓名:＿＿＿＿＿＿＿

三、填空题

1.若无穷级数 $\sum\limits_{n=1}^{\infty} u_n$ 的部分和数列 $\{S_n\}$ 的极限存在,即 $\lim\limits_{n \to \infty} S_n = S$,则称无穷级数 $\sum\limits_{n=1}^{\infty} u_n$ _____;如果 $\{S_n\}$ 没有极限,则称无穷级数_____.

2.若级数 $\sum\limits_{n=1}^{\infty} u_n = a (a \text{ 为常数})$,则 $\sum\limits_{n=1}^{\infty} k u_n = $ _____ $(k \text{ 为常数})$.

3.级数 $\sum\limits_{n=1}^{\infty} \dfrac{2 + (-1)^n}{3^n} = $ _____.

四、解答题

1.判断级数 $\dfrac{3}{5} + \dfrac{3^2}{5^2} + \cdots + \dfrac{3^n}{5^n} + \cdots$ 的敛散性.

2.判断级数 $\sum\limits_{n=1}^{\infty} (\sqrt{n+1} - \sqrt{n})$ 的敛散性.

分院:_____   班级:_____   学号:_____   姓名:_____

3.将循环小数 $0.\dot{4}\dot{7}$ 化成分数.

4.利用级数收敛、发散的定义判定级数 $\displaystyle\sum_{n=1}^{\infty} \frac{1}{(2n-1)(2n+1)}$ 的敛散性.

习题 5.2　常数项级数审敛法

一、判断题

（　）1. 级数 $\sum\limits_{n=1}^{\infty} \dfrac{1}{n^2+1}$ 收敛.

（　）2. 级数 $\sum\limits_{n=1}^{\infty} \dfrac{1}{2n-1}$ 发散.

（　）3. 级数 $\sum\limits_{n=1}^{\infty} \dfrac{n+1}{n!}$ 发散.

二、选择题

（　）1. 级数 $\sum\limits_{n=1}^{\infty} (-1)^n \dfrac{1}{\sqrt[3]{n}}$ 是

A. 条件收敛　　　　　　　　B. 绝对收敛

C. 发散　　　　　　　　　　D. 正项级数

（　）2. 设级数 $\sum\limits_{n=1}^{\infty} u_n$，$\sum\limits_{n=1}^{\infty} v_n$ 都是正项级数，且存在 $u_n \leqslant v_n (n=1,2,3,\cdots)$，那么

A. 若级数 $\sum\limits_{n=1}^{\infty} u_n$ 收敛，则级数 $\sum\limits_{n=1}^{\infty} v_n$ 也收敛

B. 若级数 $\sum\limits_{n=1}^{\infty} u_n$ 发散，则级数 $\sum\limits_{n=1}^{\infty} v_n$ 也发散

C. 若级数 $\sum\limits_{n=1}^{\infty} u_n$ 收敛，则级数 $\sum\limits_{n=1}^{\infty} v_n$ 发散

D. 若级数 $\sum\limits_{n=1}^{\infty} v_n$ 发散，则级数 $\sum\limits_{n=1}^{\infty} u_n$ 收敛

（　）3. 设级数 $\sum\limits_{n=1}^{\infty} u_n$ 是正项级数，且 $\lim\limits_{n\to\infty} \dfrac{u_{n+1}}{u_n} = \rho$，若该级数收敛，则 ρ 应满足

A. $\rho > 1$　　　　　　　　B. $\rho \geqslant 1$

C. $0 \leqslant \rho \leqslant 1$　　　　　　D. $0 \leqslant \rho < 1$

分院：_____　　班级：_____　　学号：_____　　姓名：_____

三、填空题

1.级数 $\sum\limits_{n=1}^{\infty} \dfrac{1}{n\sqrt{n+1}}$ 的敛散性是_____.

2.级数 $\sum\limits_{n=2}^{\infty} \dfrac{1}{\ln n}$ 的敛散性是_____.

3.级数 $\sum\limits_{n=1}^{\infty} (-1)^{n-1} \dfrac{1}{n(n+1)}$ 是_____收敛的.

四、解答题

1.判断级数 $\sum\limits_{n=1}^{\infty} \dfrac{5}{n^2+3n+2}$ 的敛散性.

2.判断级数 $\sum\limits_{n=1}^{\infty} \dfrac{3n+2}{3^n}$ 的敛散性.

分院:_____　　班级:_____　　学号:_____　　姓名:_____

3.判断级数 $\sum\limits_{n=1}^{\infty}(-1)^{n-1}\dfrac{n}{3^{n-1}}$ 的敛散性,若收敛,请判断是绝对收敛还是条件收敛.

4.用比较审敛法判断级数 $\sum\limits_{n=1}^{\infty}\sin\dfrac{\pi}{3^n}$ 的敛散性.

习题 5.3　幂级数

一、判断题

(　　)1. 幂级数 $\sum\limits_{n=0}^{\infty} x^n$ 收敛于 $\dfrac{1}{1-x}$(其中 $|x|<1$).

(　　)2. 幂级数 $\sum\limits_{n=0}^{\infty} \dfrac{x^n}{2^n}$ 的收敛半径是 $R=1$.

(　　)3. 若幂级数 $\sum\limits_{n=0}^{\infty} a_n x^n$ 与 $\sum\limits_{n=0}^{\infty} b_n x^n$ 的收敛半径分别为 R_1, R_2,和函数分别为

$S_1(x), S_2(x)$,则有 $\sum\limits_{n=0}^{\infty} a_n x^n \pm \sum\limits_{n=0}^{\infty} b_n x^n = \sum\limits_{n=0}^{\infty} (a_n \pm b_n) x^n = S_1(x) \pm S_2(x)$,

$R = \min\{R_1, R_2\}$.

二、选择题

(　　)1. 幂级数 $\sum\limits_{n=1}^{\infty} n x^n$ 的收敛区间是

A. $(-2,2)$　　　　　　　　　　　B. $(-1,1)$

C. $[0,1)$　　　　　　　　　　　　D. $(-\infty, +\infty)$

(　　)2. 幂级数 $\sum\limits_{n=0}^{\infty} (-1)^n \dfrac{x^n}{(2n+2)^2}$ 的收敛半径是

A. $R=1$　　　　　　　　　　　　B. $R=4$

C. $R=2$　　　　　　　　　　　　D. $R=\sqrt{2}$

(　　)3. 幂级数 $\sum\limits_{n=0}^{\infty} a_n x^n$ 在 $x=3$ 处收敛,则该级数在 $x=1$ 处

A. 绝对收敛　　　　　　　　　　B. 条件收敛

C. 发散　　　　　　　　　　　　　D. 不确定

分院：_____　　　班级：_____　　　学号：_____　　　姓名：_____

三、填空题

1.幂级数 $\sum\limits_{n=0}^{\infty} \dfrac{x^n}{n!}$ 的收敛域是_____.

2.若幂级数 $\sum\limits_{n=0}^{\infty} a_n x^n$ 的收敛半径为 R，则 $\sum\limits_{n=0}^{\infty} a_n x^{2n+1}$ 的收敛半径是_____.

3.幂级数 $\sum\limits_{n=1}^{\infty} \dfrac{(x-1)^n}{n \cdot 2^n}$ 的收敛半径是_____.

四、解答题

1.求幂级数 $\sum\limits_{n=1}^{\infty} \dfrac{nx^n}{3^n}$ 的收敛区间、收敛域.

2.求幂级数 $\sum\limits_{n=1}^{\infty} \dfrac{2n-1}{2^n} x^{2n-2}$ 的收敛区间.

分院:_____   班级:_____   学号:_____   姓名:_____

3.求幂级数 $\sum\limits_{n=1}^{\infty} \dfrac{(x-2)^n}{n}$ 的收敛区间.

4.求幂级数 $\sum\limits_{n=0}^{\infty}(n+1)x^n\,(|x|<1)$ 的和函数.

分院：_____　　　班级：_____　　　学号：_____　　　姓名：_____

习题 5.4　函数展开成幂级数

一、判断题

(　　)1. 函数 $y = \mathrm{e}^x$ 展开成 x 的幂级数是 $\sum\limits_{n=0}^{\infty} \dfrac{1}{n!} x^n (-\infty < x < +\infty)$.

(　　)2. 函数 $\dfrac{1}{1-x}$ 展开成麦克劳林级数是 $\sum\limits_{n=0}^{\infty} x^n (-1 < x < 1)$.

(　　)3. 函数 $\ln(1+x)$ 展开成麦克劳林级数是 $\sum\limits_{n=1}^{\infty} (-1)^{n-1} \dfrac{x^n}{n} (-1 \leqslant x \leqslant 1)$.

二、选择题

(　　)1. 函数 $f(x) = \dfrac{1}{1+x} (|x| < 1)$ 展开成 x 的幂级数是

A. $\sum\limits_{n=0}^{\infty} (-1)^n x^n$　　　　　　　　　B. $\sum\limits_{n=0}^{\infty} x^n$

C. $\sum\limits_{n=1}^{\infty} (-x)^n$　　　　　　　　　　D. $\sum\limits_{n=0}^{\infty} \dfrac{x^n}{n}$

(　　)2. 函数 $f(x) = \dfrac{1}{2-x}$ 的麦克劳林级数是

A. $\sum\limits_{n=0}^{\infty} (2x)^n \left(-\dfrac{1}{2} < x < \dfrac{1}{2} \right)$

B. $\sum\limits_{n=0}^{\infty} \dfrac{x^n}{2^{n+1}} (-2 < x < 2)$

C. $\sum\limits_{n=0}^{\infty} \left(\dfrac{x}{2} \right)^{n+1} (-2 \leqslant x \leqslant 2)$

D. $\sum\limits_{n=1}^{\infty} x^n (-1 < x < 1)$

分院:_____　　班级:_____　　学号:_____　　姓名:_____

( )3.函数 $y = \ln(1-x)$ 展开成 x 的幂级数是

$\quad$ A. $\sum_{n=0}^{\infty} (-1)^n \frac{x^{n+1}}{n+1} (-1 < x \leqslant 1)$

$\quad$ B. $\sum_{n=1}^{\infty} (-1)^{n-1} \frac{x^n}{n} (-1 < x \leqslant 1)$

$\quad$ C. $-\sum_{n=1}^{\infty} \frac{x^n}{n} (-1 \leqslant x < 1)$

$\quad$ D. $\sum_{n=0}^{\infty} \frac{x^n}{n!} (-\infty < x < +\infty)$

三、填空题

1.函数 $f(x)$ 在点 x_0 处的泰勒级数为＿＿＿＿＿＿＿＿＿.

2.函数 $f(x)$ 的麦克劳林级数为＿＿＿＿＿＿＿＿＿.

3.函数 $y = \sin x$ 的麦克劳林级数为＿＿＿＿＿＿＿＿＿.

四、解答题

1.将函数 $f(x) = \frac{1}{x}$ 在 $x = 3$ 处展开成幂级数.

2.将函数 $y = \ln(3+x)$ 展开成 x 的幂级数.

分院:＿＿＿＿＿＿＿ 班级:＿＿＿＿＿＿＿ 学号:＿＿＿＿＿＿＿ 姓名:＿＿＿＿＿＿＿

3.将函数 $y = a^x (a > 0)$ 展开成 x 的幂级数.

4.将函数 $f(x) = \dfrac{1}{x^2 + 3x + 2}$ 展开成 x 的幂级数.

分院：_____   班级：_____   学号：_____   姓名：_____

第 5 章自测题

一、判断题(每小题 2 分,共 20 分)

(　　)1. 级数 $\displaystyle\sum_{n=0}^{\infty} 3^n$ 是发散的.

(　　)2. 级数 $\displaystyle\sum_{n=0}^{\infty} \left(\frac{1}{3}\right)^n$ 是收敛的.

(　　)3. 数项级数 $\displaystyle\sum_{n=1}^{\infty} u_n$ 收敛的必要条件是 $\lim_{n \to \infty} u_n \neq 0$.

(　　)4. 等比级数 $\displaystyle\sum_{n=0}^{\infty} \left(\frac{1}{5}\right)^n = \frac{1}{4}$.

(　　)5. 正项级数 $\displaystyle\sum_{n=1}^{\infty} u_n (u_n \geqslant 0)$ 收敛的充分必要条件是它的部分和数列 $\{S_n\}$ 有界.

(　　)6. 若级数 $\displaystyle\sum_{n=1}^{\infty} u_n$ 发散,级数 $\displaystyle\sum_{n=1}^{\infty} v_n$ 收敛,则有 $\displaystyle\sum_{n=1}^{\infty} (u_n \pm v_n)$ 必发散.

(　　)7. 根据阿贝尔定理,若幂级数 $\displaystyle\sum_{n=0}^{\infty} a_n x^n$ 在 $x = 1$ 处发散,则在 $x = \frac{1}{2}$ 处必发散.

(　　)8. 若交错级数 $\displaystyle\sum_{n=1}^{\infty} (-1)^{n-1} u_n (u_n > 0)$ 满足 $u_{n+1} \leqslant u_n$,则该级数必收敛.

(　　)9. $e^{2x} = \displaystyle\sum_{n=0}^{\infty} \frac{2^n}{n!} x^n (-\infty < x < +\infty)$.

(　　)10. 如果数项级数 $\displaystyle\sum_{n=1}^{\infty} |u_n|$ 收敛,则级数 $\displaystyle\sum_{n=1}^{\infty} u_n$ 必定收敛.

二、选择题(每小题 2 分,共 10 分)

(　　)1. 下列级数一定收敛的是

A. $\displaystyle\sum_{n=1}^{\infty} \frac{1}{\sqrt{n}}$ 　　　　　　　　　　B. $\displaystyle\sum_{n=0}^{\infty} x^n$

C. $\displaystyle\sum_{n=1}^{\infty} \frac{1}{n^3}$ 　　　　　　　　　　D. $\displaystyle\sum_{n=0}^{\infty} 2^n$

分院:＿＿＿＿＿　　　　班级:＿＿＿＿＿　　　　学号:＿＿＿＿＿　　　　姓名:＿＿＿＿＿

( )2.下列级数必发散的是

A. $\displaystyle\sum_{n=1}^{\infty} \frac{1}{n}$ B. $\displaystyle\sum_{n=1}^{\infty} \frac{1}{n\sqrt{n}}$

C. $\displaystyle\sum_{n=1}^{\infty} (-1)^n \frac{1}{n}$ D. $\displaystyle\sum_{n=0}^{\infty} \frac{1}{n!}$

( )3.如果 $\displaystyle\lim_{n\to\infty} u_n \neq 0$,则数项级数 $\displaystyle\sum_{n=1}^{\infty} u_n$

A. 发散   B. 收敛

C. 绝对收敛   D. 可能收敛,也可能发散

( )4.下列级数中收敛的是

A. $\displaystyle\sum_{n=1}^{\infty} n$ B. $\displaystyle\sum_{n=1}^{\infty} n^3$

C. $\displaystyle\sum_{n=1}^{\infty} \frac{1}{\sqrt{n(n+1)}}$ D. $\displaystyle\sum_{n=1}^{\infty} \frac{1}{n(n+1)}$

( )5.求幂级数 $\displaystyle\sum_{n=0}^{\infty} \frac{x^n}{3^{n+1}}$ 的收敛半径 R

A. $R = \pm 3$ B. $R = \dfrac{1}{3}$

C. $R = 3$ D. $R = \sqrt{3}$

三、填空题(每小题 2 分,共 20 分)

1.级数 $\displaystyle\sum_{n=1}^{\infty} \frac{1}{2n-1}$ 的敛散性是_____.

2.幂级数 $x - \dfrac{x^2}{2} + \dfrac{x^3}{3} - \cdots + (-1)^n \dfrac{x^{n+1}}{n+1} + \cdots$ 的收敛域为_____.

3.$1 + \dfrac{1}{9} + \dfrac{1}{9^2} + \cdots + \dfrac{1}{9^n} + \cdots = $ _____.

4.数项级数 $\displaystyle\sum_{n=1}^{\infty} (-1)^{n-1} \frac{1}{(2n-1)^2}$ 的敛散性是_____.

分院:_____   班级:_____   学号:_____   姓名:_____

5.幂级数 $\sum\limits_{n=0}^{\infty} a_n x^n$ 在 $x = -2$ 处收敛,则该级数在 $x = \sqrt{2}$ 处必_____.

6.幂级数 $1 + x + \dfrac{x^2}{2!} + \cdots + \dfrac{x^n}{n!} + \cdots$ 的收敛区间是_____.

7.数项级数 $\sum\limits_{n=1}^{\infty} \sqrt{\dfrac{n}{n+1}}$ 的敛散性是_____.

8.若 p — 级数 $\sum\limits_{n=1}^{\infty} \dfrac{1}{n^p}$ 收敛,则 p 要满足条件_____.

9.将函数 $y = \ln(x+2)$ 在 $x = -1$ 处展开成幂级数是_____.

10.已知 $\sum\limits_{n=0}^{\infty} (-1)^n x^n = \dfrac{1}{1+x} (|x| < 1)$,则 $\sum\limits_{n=1}^{\infty} \left(-\dfrac{1}{2} \right)^n = $ _____.

四、计算与解答题(共 50 分)

1.用比值审敛法判断级数 $\sum\limits_{n=1}^{\infty} \dfrac{3n+1}{2^n}$ 的敛散性.(10 分)

2.判断级数 $\sum\limits_{n=1}^{\infty} \dfrac{1}{(n+2)(n+1)}$ 的敛散性.(10 分)

分院:_____　　　班级:_____　　　学号:_____　　　姓名:_____

3.求幂级数 $\dfrac{x}{2^1 1^2} + \dfrac{x^2}{2^2 2^2} + \dfrac{x^3}{2^3 3^2} + \cdots + \dfrac{x^n}{2^n n^2} + \cdots$ 的收敛域.(10分)

4.将函数 $f(x) = \dfrac{1}{x^2 + 4x + 3}$ 展开成 $x-1$ 的幂级数.(10分)

5.求幂级数 $\displaystyle\sum_{n=0}^{\infty} (-1)^n (n+1) x^n$ 的和函数,并指出其收敛域.(10分)

分院:_____   班级:_____   学号:_____   姓名:_____

第6章 空间解析几何与向量代数

习题6.1 空间直角坐标系

一、判断题

(   )1. 点 $A(-2,1,3)$ 关于 xOy 平面的对称点是 $A'(-2,1,-3)$.

(   )2. 点 $A(1,0,1)$ 位于 yOz 坐标平面上.

(   )3. 点 $A(1,2,3)$ 到坐标原点的距离等于 6.

二、选择题

(   )1. 点 $A(1,1,1)$ 在

    A. 第 Ⅰ 卦限   B. 第 Ⅱ 卦限

    C. 第 Ⅲ 卦限   D. 第 Ⅳ 卦限

(   )2. 以 $A(-2,1,1)$，$B(-1,4,1)$，$C(0,2,-1)$ 为顶点的三角形为

    A. 等边三角形   B. 等腰三角形

    C. 直角三角形   D. 等腰直角三角形

(   )3. 点 $A(1,-1,0)$

    A. 在 x 轴上   B. 在 y 轴上

    C. 在 z 轴上   D. 在坐标轴上

分院：＿＿＿＿＿＿　　　班级：＿＿＿＿＿＿　　　学号：＿＿＿＿＿＿　　　姓名：＿＿＿＿＿＿

三、填空题

1.空间直角坐标系有_____个坐标轴,_____个坐标平面,_____个卦限.

2.点 $A(0,1,-3)$ 到点 $B(1,1,0)$ 的距离为_____.

3.已知点 $A(2,3,4)$ 和点 $B(k,-2,4)$,且 $|AB|=5$,则 $k=$_____.

四、解答题

1.在 y 轴上求一点,使其到点 $A(3,1,-7)$ 和 $B(-3,2,7)$ 距离相等.

2.证明以 $A(2,4,3),B(4,1,9),C(10,-1,6)$ 为顶点的三角形为等腰直角三角形.

分院:_____   班级:_____   学号:_____   姓名:_____

习题 6.2　向量及其线性运算

一、判断题

(　　)1. 向量 $a-b=b-a$.

(　　)2. 对于任意常数 λ 和向量 a，总有 $|\lambda a|=\lambda|a|$.

(　　)3. $(a+b)+c=a+(b+c)$.

二、选择题

(　　)1. 若向量 a 与 b 为非零向量，则下列式子恒成立的是

　　A. $|a+b|=|a|+|b|$　　　　　　　B. $|a-b|=|a|-|b|$

　　C. $\dfrac{a}{|a|}=\dfrac{b}{|b|}$　　　　　　　　　D. $|a+b|\leqslant|a|+|b|$

(　　)2. 若向量 a,b 非零且 $a=2b$，则

　　A. a 与 b 同向　　　　　　　　B. a 与 b 反向

　　C. $|a|=|b|$　　　　　　　　　　D. $\dfrac{a}{b}=2$

三、填空题

1. 已知向量 a，当常数 λ _____ 时，λa 与 a 反向.

2. 已知向量 a，当常数 λ _____ 时，$\lambda a /\!/ a$.

3. 已知非零向量 a，当常数 λ _____ 时，$\lambda a=0$.

分院：_____　　　班级：_____　　　学号：_____　　　姓名：_____

四、解答题

1.若 $u = a + b - c$，$v = -a + 2b - c$，求 $u - 2v$.

2.证明三角形两边中点连线平行于第三边.

分院：_____   班级：_____   学号：_____   姓名：_____

习题 6.3　向量的坐标

一、判断题

(　　)1.向量 i,j,k 称为基本单位向量组.

(　　)2.向量 $a=\{1,0,1\}=i+k$.

(　　)3.若向量 $a=\{1,1,1\}$,则 a 为单位向量.

二、选择题

(　　)1.下列向量模长等于 1 的是

A. $i-j$ 　　　　　　　　　　B. $\dfrac{i}{2}+\dfrac{j}{2}$

C. $\dfrac{i}{3}+\dfrac{j}{3}+\dfrac{k}{3}$ 　　　　　　D. $\dfrac{i}{\sqrt{3}}+\dfrac{j}{\sqrt{3}}-\dfrac{k}{\sqrt{3}}$

(　　)2.对于向量 i,j,k,下列叙述正确的是

A. $i+j$ 是单位向量　　　　　B. $i+k$ 是单位向量

C. $k+j$ 是单位向量　　　　　D. 都不对

(　　)3.对于向量 $i,j,k,i+j+k=$

A. $\{1,1,1\}$ 　　B. $\{0,1,1\}$ 　　C. $\{1,0,1\}$ 　　D. $\{1,1,0\}$

三、填空题

1.已知向量 $a=\{1,2,1\}$,则 $-a=$ _____.

2.已知向量 $a=\{1,2,1\}$,$b=\{1,-2,1\}$,则 $2a-b=$ _____.

3.已知向量 $a=\{1,0,1\}$,$b=\{1,1,0\}$,则 $|a-b|=$ _____.

分院:_____　　班级:_____　　学号:_____　　姓名:_____

四、解答题

1. 设向量 $a = \{1, 2, 3\}$，求 a 的模长及方向余弦.

2. 求与向量 $a = \{1, -2, -1\}$ 同向的单位向量.

分院：_____   班级：_____   学号：_____   姓名：_____

习题 6.4　向量的数量积与向量积

一、判断题

(　　)1. $a \times b$ 表示两向量 a 与 b 构成的平行四边形的面积.

(　　)2. 非零向量 a 与 b 互相垂直的充要条件是 $a \cdot b = 0$.

(　　)3. 向量 $a = \{-1, 2, 1\}$ 与向量 $b = \{-3, 2, -1\}$ 垂直.

二、选择题

(　　)1. 下列说法正确的是

A. 若 $a \cdot b = 0$, 则 $a = 0$ 或者 $b = 0$

B. 若 $a \times b = 0$, 则 $a = 0$ 或者 $b = 0$

C. 对于非零向量 a 与 b, 恒有 $a \times b = b \times a$

D. 对于非零向量 a 与 b, 恒有 $a \cdot b = b \cdot a$

(　　)2. 设向量 $a = \{-1, m, -2\}, b = \{3, -3, 3\}$, 若 $a \perp b$, 则 $m =$

A. 2　　　　　　　B. -2　　　　　　C. 3　　　　　　D. -3

(　　)3. 设 $a = \{1, 2, 1\}, b = \{2, -3, 3\}$, 则 $a \cdot b =$

A. 1　　　　　　　B. -1　　　　　　C. 0　　　　　　D. -2

三、填空题

1. $i \times j = $ _____.

2. 设 $a = i + xj - k, b = 3i - j + 2k$, 且 $a \perp b$, 则 $x = $ _____.

3. 设向量 $a = \{1, \sqrt{2}, 1\}, b = \{1, 0, 0\}$, 则 a 与 b 的夹角为 _____.

分院：_____　　　班级：_____　　　学号：_____　　　姓名：_____

四、解答题

1.$a=\{1,-2,1\}$,$b=\{0,1,3\}$,求 $a \cdot b$,$a \times b$,$b \times a$.

2.求与向量 $a=\{-3,6,8\}$ 和向量 $b=\{2,1,-1\}$ 同时垂直的向量 c.

分院：_____   班级：_____   学号：_____   姓名：_____

习题 6.5　平面及其方程

一、判断题

(　　)1. 点 $(1,2,3)$ 在平面 $3x-5y+2z+1=0$ 上.

(　　)2. 平面 $\pi_1:3x-4y+2z+1=0$ 与平面 $\pi_2:x-y-z-3=0$ 垂直.

(　　)3. 平面 $\pi_1:x-3y+2z+1=0$ 与平面 $\pi_2:x-y-z-1=0$ 平行.

二、选择题

(　　)1. 下列平面过坐标原点的是

  A. $2x+5y=0$ B. $z=2x+3$

  C. $3x-2y=1$ D. $x+y+z=1$

(　　)2. 下列平面方程中，过 x 轴的是

  A. $y-z=0$ B. $3x-y-z=3$

  C. $3x-y-2z=1$ D. $3x-y-z=4$

(　　)3. 下列方程表示 yOz 平面的是

  A. $x=0$ B. $y=0$

  C. $z=0$ D. $x+y+z=0$

三、填空题

1. 平面 $3x-2y+z+1=0$ 的法向量为_____.

2. 过点 $M_0(1,2,3)$ 且以 $\boldsymbol{n}=\{2,2,1\}$ 为法向量的平面方程是_____.

3. 过点 $(0,0,1)$ 且与平面 $3x+4y+2z=1$ 平行的平面方程为_____.

分院：_____　　班级：_____　　学号：_____　　姓名：_____

四、解答题

1.已知平面 π 与 $\pi_1:2x+y+z=0$ 和 $\pi_2:x-y-1=0$ 都垂直且过点 $A(1,1,-1)$，求平面 π 的方程.

2.求由三点 $A(1,0,0),B(0,1,0),C(0,0,1)$ 所确定的平面方程.

分院：_____   班级：_____   学号：_____   姓名：_____

习题 6.6　空间直线及其方程

一、判断题

(　　)1. 直线 $\dfrac{x-1}{2}=\dfrac{y-2}{3}=\dfrac{z-3}{4}$ 的方向向量为 $\{1,2,3\}$.

(　　)2. 直线 $\dfrac{x-2}{1}=\dfrac{y-3}{2}=\dfrac{z}{3}$ 与 $\dfrac{x-1}{-4}=\dfrac{y-3}{5}=\dfrac{z}{-2}$ 互相垂直.

(　　)3. 点 $P(1,1,1)$ 在直线 $\dfrac{x-2}{1}=\dfrac{y-3}{2}=\dfrac{z}{-1}$ 上.

二、选择题

(　　)1. 由两点 $A(1,2,3),B(0,1,1)$ 所确定的直线方程是

　A. $\dfrac{x-1}{1}=\dfrac{y-2}{1}=\dfrac{z-3}{2}$　　　　　　B. $\dfrac{x-1}{1}=\dfrac{y-2}{2}=\dfrac{z-3}{3}$

　C. $\dfrac{x}{1}=\dfrac{y-1}{2}=\dfrac{z-1}{3}$　　　　　　D. $\dfrac{x-1}{1}=\dfrac{y-1}{1}=\dfrac{z-2}{2}$

(　　)2. 下列直线中与平面 $3x-2y+z+1=0$ 垂直的是

　A. $\dfrac{x-1}{1}=\dfrac{y}{1}=\dfrac{z-3}{2}$　　　　　　B. $\dfrac{x-1}{1}=\dfrac{y+2}{2}=\dfrac{z-1}{1}$

　C. $\dfrac{x}{1}=\dfrac{y}{2}=\dfrac{z-1}{3}$　　　　　　　D. $\dfrac{x}{1}=\dfrac{y-1}{-1}=\dfrac{z-2}{2}$

(　　)3. 下列方程表示 z 轴的是

　A. $\begin{cases}x=0\\y=0\end{cases}$　　　　B. $\begin{cases}x=0\\z=0\end{cases}$　　　　C. $\begin{cases}y=0\\z=0\end{cases}$　　　　D. $\begin{cases}x=0\\y=0\\z=0\end{cases}$

分院：_____　　　班级：_____　　　学号：_____　　　姓名：_____

三、填空题

1. 过点 $A(1,1,0)$ 且以 $s=\{4,3,2\}$ 为方向向量的直线方程是_____.

2. 直线 $\begin{cases}3x+y-2z+5=0\\x-2y+3z-3=0\end{cases}$ 的方向向量为_____.

3. 直线 $\begin{cases}x+y+z=1\\2x-y+3z=0\end{cases}$ 的点向式方程为_____.

四、解答题

1. 求直线 $L:\dfrac{x+2}{3}=\dfrac{y-2}{1}=\dfrac{z+1}{2}$ 和平面 $\pi:2x+3y+3z+16=0$ 的交点坐标.

2. 已知一直线过点 $P_0(-1,2,3)$ 且与两平面 $x+2z=1$ 和 $y-3z=2$ 平行,求该直线方程.

分院:_____   班级:_____   学号:_____   姓名:_____

第 6 章自测题

一、判断题（每小题 2 分，共 20 分）

(　　)1. 在空间直角坐标系中，点 $(2,1,-3)$ 关于 xOy 平面对称的点为 $(2,1,3)$.

(　　)2. 点 $P(0,4,1)$ 在 xOz 平面上.

(　　)3. 非零向量 $\boldsymbol{a}$ 与 $\boldsymbol{b}$ 平行的充要条件是 $\boldsymbol{a} \cdot \boldsymbol{b}=0$.

(　　)4. $\dfrac{\boldsymbol{i}}{3}-\dfrac{\boldsymbol{j}}{3}+\dfrac{\boldsymbol{k}}{3}$ 是单位向量.

(　　)5. 点 $(1,1,2)$ 在平面 $x+y+2z+3=0$ 上.

(　　)6. 向量 $\boldsymbol{a}=\{-1,2,3\}$ 与向量 $\boldsymbol{b}=\{2,3,-1\}$ 垂直.

(　　)7. 平面 $\pi_1:x-y+z+1=0$ 与平面 $\pi_2:x-2y-3z-1=0$ 垂直.

(　　)8. 若 $\boldsymbol{a}\times\boldsymbol{b}=\boldsymbol{0}$，则 $\boldsymbol{a}$ 与 $\boldsymbol{b}$ 平行.

(　　)9. 方程 $x+y=1$ 表示一条直线.

(　　)10. 直线 $\dfrac{x-1}{1}=\dfrac{y-2}{2}=\dfrac{z-3}{3}$ 和平面 $x+y+z=1$ 的交点为 $\left(-\dfrac{1}{6},-\dfrac{1}{3},-\dfrac{1}{2}\right)$.

二、单选题（每小题 2 分，共 10 分）

(　　)1. 向量 $\boldsymbol{a}=\{2,-1,2\}$ 的单位向量为

　　A. $-\dfrac{1}{3}\{2\boldsymbol{i}-\boldsymbol{j}+2\boldsymbol{k}\}$　　　　　　　　B. $\pm\dfrac{1}{3}\{2\boldsymbol{i}-\boldsymbol{j}+2\boldsymbol{k}\}$

　　C. $\dfrac{1}{3}\{2\boldsymbol{i}-\boldsymbol{j}+2\boldsymbol{k}\}$　　　　　　　　D. $3\{2\boldsymbol{i}-\boldsymbol{j}+2\boldsymbol{k}\}$

(　　)2. 设向量 $\boldsymbol{a}=\{-1,m,1\},\boldsymbol{b}=\{2,3,n\}$，若 $\boldsymbol{a}//\boldsymbol{b}$，则

　　A. $m=-\dfrac{3}{2},n=-2$　　　　　　　　B. $m=-\dfrac{1}{2},n=-2$

　　C. $m=-3,n=-2$　　　　　　　　D. $m=-\dfrac{1}{2},n=2$

(　　)3. 过点 $A(3,1,2),B(2,3,1)$ 的直线方程为 _____

　　A. $\dfrac{x-2}{-1}=\dfrac{y-3}{2}=\dfrac{z-1}{1}$　　　　B. $\dfrac{x-2}{-1}=\dfrac{y-3}{2}=\dfrac{z-1}{-1}$

　　C. $\dfrac{x-2}{-1}=\dfrac{y-3}{2}=\dfrac{z-1}{1}$　　　　D. $\dfrac{x-2}{1}=\dfrac{y-3}{3}=\dfrac{z-1}{2}$

分院：_____　　班级：_____　　学号：_____　　姓名：_____

（　　）4. 直线 $\dfrac{x}{5}=\dfrac{y+1}{\sqrt{2}}=\dfrac{z-1}{3}$ 的方向向量为

      A. $\{0,1,-1\}$ B. $\{1,-1,1\}$

      C. $\{5,-\sqrt{2},3\}$ D. $(1,3,2)$

（　　）5. 下列向量为单位向量的是

      A. $\boldsymbol{i}\cdot\boldsymbol{j}\cdot\boldsymbol{k}$ B. $\boldsymbol{i}\times\boldsymbol{j}\times\boldsymbol{k}$

      C. $\dfrac{1}{\sqrt{2}}\boldsymbol{i}-\dfrac{1}{\sqrt{2}}\boldsymbol{k}$ D. $\dfrac{1}{\sqrt{3}}\boldsymbol{i}+\dfrac{1}{\sqrt{3}}\boldsymbol{j}$

三、填空题（每小题 2 分，共 20 分）

1. 点 $(1,2,-3)$ 关于原点的对称点坐标为_____．

2. 点 $Q(1,-3,0)$ 到原点的距离 $d=$_____．

3. 向量 $\boldsymbol{c}=\{1,-1,1\}$ 的模长为_____．

4. 点 $A_1(1,0,-1)$ 到点 $A_2(0,1,1)$ 之间的距离是_____．

5. 过点 $A(1,1,1)$ 且以 $\boldsymbol{n}=\{1,2,3\}$ 为法向量的平面方程为_____．

6. 过三点 $A(1,0,0)$，$B(0,1,0)$，$C(0,0,1)$ 的平面方程为_____．

7. 已知平面 $\lambda x-y+2z-1=0$ 与平面 $x-2y+4z+5=0$ 平行，则 $\lambda=$_____．

8. 设 $\boldsymbol{a}=2\boldsymbol{i}+m\boldsymbol{j}-\boldsymbol{k}$，$\boldsymbol{b}=3\boldsymbol{i}-\boldsymbol{j}+2\boldsymbol{k}$ 且 $\boldsymbol{a}\perp\boldsymbol{b}$，则 $m=$_____．

9. 设 $\boldsymbol{a}=\{0,1,2\}$，$\boldsymbol{b}=\{1,1,1\}$，则 $\boldsymbol{a}\cdot\boldsymbol{b}=$_____．

10. 过 $P(1,0,1)$ 且与平面 $3x+4y+2z=1$ 平行的平面方程为_____．

四、解答题（每小题 10 分，共 50 分）

1. 已知向量 $\boldsymbol{a}=\{1,2,-4\}$，$\boldsymbol{b}=\{2,-1,0\}$，求：(1) $\boldsymbol{a}+\boldsymbol{b}$；(2) $3\boldsymbol{a}-4\boldsymbol{b}$．

分院：_____   班级：_____   学号：_____   姓名：_____

2.已知向量 $a=\{1,2,-1\}, b=\{-2,1,0\}$,求:(1)$a \cdot b$;(2)$a \times b$.

3.求由三点 $A(0,-1,2), B(1,0,-3), C(1,-2,2)$ 所确定的平面方程.

分院:_____　　班级:_____　　学号:_____　　姓名:_____

4.求过点 $A(1,0,2)$ 且与两平面 $\pi_1:x-y+z+1=0$ 和 $\pi_2:x-z=0$ 都平行的直线方程.

5.求过点 $M_0(1,2,3)$ 且平行于平面 $2x+3y-z+1=0$ 又与直线 $L:\dfrac{x+2}{1}=\dfrac{y-1}{3}=\dfrac{z}{4}$ 垂直的直线方程.

分院:_____　　　班级:_____　　　学号:_____　　　姓名:_____

第7章　行列式

习题7.1　行列式的概念

一、判断题

(　　)1. 行列式 $\begin{vmatrix} 1 & 2 \\ -1 & 3 \end{vmatrix}$ 是二阶行列式.

(　　)2. $\begin{vmatrix} a & b \\ c & d \end{vmatrix} = -\begin{vmatrix} a & c \\ b & d \end{vmatrix}$.

(　　)3. 行列式 $\begin{vmatrix} 1 & 4 & 3 \\ 2 & 0 & 1 \\ -2 & 5 & 6 \end{vmatrix}$ 的元素 $a_{32} = 1$.

二、选择题

(　　)1. 二阶行列式有_____个元素.

    A. 1   B. 2   C. 3   D. 4

(　　)2. n 阶行列式有_____行.

    A. n B. $n-1$ C. 1   D. 2

(　　)3. n 阶行列式有_____个元素.

    A. n^2 B. $2n$ C. n D. $n-1$

分院:_____　　班级:_____　　学号:_____　　姓名:_____

三、填空题

1. 设行列式 $D=\begin{vmatrix} -2 & 1 \\ 0 & 2 \end{vmatrix}$，则元素 $a_{12}=$＿＿＿＿＿.

2. 行列式 $D=\begin{vmatrix} 2 & -1 \\ 3 & 5 \end{vmatrix}$ 的主对角线上的两个元素是＿＿＿＿和＿＿＿＿，次对角线上的两个元素是＿＿＿＿和＿＿＿＿.

3. 行列式 $D=\begin{vmatrix} 2 & 3 & -1 \\ -5 & 0 & 4 \\ -1 & 1 & 1 \end{vmatrix}$ 的元素 $a_{23}=$＿＿＿＿＿.

四、解答题

1. 计算行列式 $\begin{vmatrix} 2 & 1 \\ 3 & 4 \end{vmatrix}$.

2. 计算行列式 $\begin{vmatrix} 1 & 4 & 5 \\ 0 & 3 & 2 \\ 0 & 0 & 1 \end{vmatrix}$.

分院：＿＿＿＿＿＿　　班级：＿＿＿＿＿＿　　学号：＿＿＿＿＿＿　　姓名：＿＿＿＿＿＿

3.若行列式 $\begin{vmatrix} 1 & m \\ 3 & -2 \end{vmatrix} = 0$,求 m.

4.已知 $\begin{vmatrix} x & 6 \\ 1 & x-5 \end{vmatrix} = 0$,求 x.

5.用行列式求解线性方程组 $\begin{cases} 2x-y+3z=3 \\ 3x+y-5z=0. \\ 4x-y+z=3 \end{cases}$

分院:_____　　班级:_____　　学号:_____　　姓名:_____

习题 7.2　行列式的计算

一、判断题

(　　)1. $\begin{vmatrix} a & b \\ c & d \end{vmatrix} = \begin{vmatrix} c & d \\ a & b \end{vmatrix}$.

(　　)2. $\begin{vmatrix} 2 & 4 & 6 \\ 4 & 6 & 8 \\ 4 & 8 & 10 \end{vmatrix} = 2 \begin{vmatrix} 1 & 2 & 3 \\ 2 & 3 & 4 \\ 2 & 4 & 5 \end{vmatrix}$.

(　　)3. 行列式 $\begin{vmatrix} 3 & 2 & 1 \\ 5 & -4 & 5 \\ 4 & 7 & 1 \end{vmatrix}$ 的转置行列式为 $\begin{vmatrix} 3 & 5 & 4 \\ 2 & -4 & 7 \\ 1 & 5 & 1 \end{vmatrix}$.

二、选择题

(　　)1. 行列式 $\begin{vmatrix} 2 & 5 \\ -7 & 8 \end{vmatrix}$ 中 2 的余子式为

A. 2 　　　　　　　B. 5 　　　　　　　C. -7 　　　　　　　D. 8

(　　)2. 行列式 $\begin{vmatrix} 5 & 4 \\ -1 & 3 \end{vmatrix}$ 中 -1 的代数余子式为

A. -4 　　　　　　B. 5 　　　　　　　C. -5 　　　　　　　D. 3

(　　)3. $\begin{vmatrix} 1 & 0 & 0 \\ 0 & 2 & 3 \\ 0 & 0 & 3 \end{vmatrix} =$

A. 3 　　　　　　　B. 4 　　　　　　　C. 5 　　　　　　　D. 6

三、填空题

1. $\begin{vmatrix} 2 & 3 & 0 \\ 1 & 4 & 0 \\ 2 & 5 & 0 \end{vmatrix} = $ _____.

分院：_____　　　班级：_____　　　学号：_____　　　姓名：_____

2. $\begin{vmatrix} 12 & 37 & -9 \\ 40 & 20 & -20 \\ 2 & 1 & -1 \end{vmatrix} = \underline{\hspace{2cm}}$.

3. $\begin{vmatrix} 21 & 9 & 21 \\ 3 & 5 & 3 \\ 7 & 8 & 7 \end{vmatrix} = \underline{\hspace{2cm}}$.

四、解答题

1. 利用行列式的性质计算 $\begin{vmatrix} 2 & 302 & 3 \\ 3 & -197 & -2 \\ 4 & 104 & 1 \end{vmatrix}$.

2. 已知行列式 $\begin{vmatrix} 2 & 1 & 2 \\ -7 & 3 & 1 \\ 2 & 3 & 0 \end{vmatrix}$, 求 M_{32} 和 A_{32} 的值.

3. 若 $\begin{vmatrix} m & 3 & 1 \\ -5 & 0 & m \\ -1 & 1 & 1 \end{vmatrix} = 0$, 求 m 的值.

第7章自测题

一、判断题(每小题 2 分,共 20 分)

(　　)1.若行列式的两行元素对应相等,则该行列式的值为零.

(　　)2.用一常数 k 乘以行列式的某一行(列)的各元素,加到另一行(列)的对应元素上去,行列式的值不变.

(　　)3.行列式的行数和列数不一定相同.

(　　)4.若行列式的一行(或列)的元素都是零,则该行列式的值为零.

(　　)5.二阶行列式等于其主对角线上元素之积加上次对角线上元素之积.

(　　)6.若行列式的两行元素对应成比例,则该行列式的值为零.

(　　)7.行列式任意元素的余子式和代数余子式总是互为相反数.

(　　)8.四阶行列式有 4 个元素.

(　　)9.行列式 $\begin{vmatrix} 1 & 4 & 5 \\ 0 & 3 & 1 \\ 0 & 0 & 2 \end{vmatrix}$ 的元素 $a_{22}=3$.

(　　)10.若行列式 $D=\begin{vmatrix} 2 & -1 \\ 3 & 4 \end{vmatrix}$,则 $A_{12}=3$.

二、选择题(每小题 2 分,共 10 分)

(　　)1.行列式 $\begin{vmatrix} 1 & -1 \\ 3 & 0 \end{vmatrix}$ 的值为

    A. -3 B. 3   C. -4 D. 4

(　　)2.行列式 $D=\begin{vmatrix} -1 & -3 & 0 \\ 2 & 4 & 1 \\ -3 & 0 & 2 \end{vmatrix}$ 的 M_{21} 为

    A. $\begin{vmatrix} -1 & -3 \\ 2 & 4 \end{vmatrix}$ B. $\begin{vmatrix} -3 & 0 \\ 0 & 2 \end{vmatrix}$

    C. $\begin{vmatrix} 2 & 1 \\ -3 & 2 \end{vmatrix}$ D. $\begin{vmatrix} -3 & 0 \\ 4 & 1 \end{vmatrix}$

分院:_____　　　班级:_____　　　学号:_____　　　姓名:_____

（　　）3. 行列式 $D=\begin{vmatrix} 1 & -3 & 0 \\ -2 & -4 & 1 \\ -3 & 0 & 2 \end{vmatrix}$ 的 A_{21} 为

　　A. $\begin{vmatrix} -3 & 0 \\ 0 & 2 \end{vmatrix}$　　　　　　　　　　B. $-\begin{vmatrix} -3 & 0 \\ 0 & 2 \end{vmatrix}$

　　C. $\begin{vmatrix} 1 & -3 \\ -2 & 4 \end{vmatrix}$　　　　　　　　　　D. $\begin{vmatrix} 1 & -3 \\ -3 & 0 \end{vmatrix}$

（　　）4. 行列式 $\begin{vmatrix} 3 & 0 \\ 2 & 0 \end{vmatrix}$ 的值为

　　A. -3　　　　　　B. 3　　　　　　C. 2　　　　　　D. 0

（　　）5. 行列式 $D=\begin{vmatrix} 1 & 3 & -5 \\ 10 & 30 & -50 \\ 23 & 5 & 4 \end{vmatrix}$ 的值为

　　A. 0　　　　　　B. 10　　　　　　C. 20　　　　　　D. 4

三、填空题（每小题 2 分，共 20 分）

1. $\begin{vmatrix} 1 & 2 \\ 3 & 4 \end{vmatrix}=$_____.

2. 行列式 $\begin{vmatrix} 2 & 3 \\ 5 & 1 \end{vmatrix}$ 的转置行列式为_____.

3. 若行列式 $D=-D$，则 $D=$_____.

4. 行列式元素 a_{ij} 的代数余子式 $A_{ij}=$_____ M_{ij}.

5. n 阶行列式有_____ 行_____ 列.

6. $\begin{vmatrix} ka & kb \\ kc & kd \end{vmatrix}=$_____ $\begin{vmatrix} a & b \\ c & d \end{vmatrix}$.

7. $\begin{vmatrix} 2 & 3 & 1 \\ 0 & 8 & 2 \\ 0 & 0 & 1 \end{vmatrix}=$_____.

8. $\begin{vmatrix} a+x & b+y \\ c & d \end{vmatrix}=\begin{vmatrix} a & b \\ c & d \end{vmatrix}+$_____.

9. $\begin{vmatrix} 0 & 0 & 1 \\ 0 & 2 & 0 \\ 3 & 0 & 0 \end{vmatrix}=$_____.

分院：_____　　　班级：_____　　　学号：_____　　　姓名：_____

10. $\begin{vmatrix} 0 & 1 & 0 & 0 \\ 0 & 0 & 2 & 0 \\ 0 & 0 & 0 & 3 \\ 4 & 0 & 0 & 0 \end{vmatrix} = $ _____.

四、计算题(第 1~4 小题每小题 8 分，第 5~6 小题每小题 9 分，共 50 分)

1. $\begin{vmatrix} 2 & -1 \\ -3 & 1 \end{vmatrix}$

2. $\begin{vmatrix} -1 & 3 & 0 \\ 2 & -4 & -1 \\ -3 & 0 & 2 \end{vmatrix}$

3. $\begin{vmatrix} 1 & 3 & 4 \\ 201 & 403 & 504 \\ -3 & 0 & 2 \end{vmatrix}$

4. $\begin{vmatrix} 1 & 1 & 1 \\ a & b & c \\ b+c & c+a & a+b \end{vmatrix}$

5. $\begin{vmatrix} 0 & 1 & 1 & 1 \\ 1 & 0 & 1 & 1 \\ 1 & 1 & 0 & 1 \\ 1 & 1 & 1 & 0 \end{vmatrix}$

6. $\begin{vmatrix} \cos x & \sin x & 0 & 0 \\ -\sin x & \cos x & 0 & 0 \\ 0 & 0 & \cos x & \sin x \\ 0 & 0 & -\sin x & \cos x \end{vmatrix}$

分院：_____ 班级：_____ 学号：_____ 姓名：_____

第8章 矩 阵

习题 8.1 矩阵的概念

一、判断题

(   )1. 元素都是零的矩阵叫作零矩阵.

(   )2. 零矩阵等于零.

(   )3. 矩阵 $\begin{bmatrix} 1 & 0 & 9 \\ 0 & 3 & 2 \\ 0 & 0 & 4 \end{bmatrix}$ 是对角矩阵.

二、选择题

(   )1. 矩阵 $\begin{bmatrix} 2 & 1 & 5 \\ 0 & 7 & 6 \end{bmatrix}$ 的第二行第三列的元素是

    A. 2   B. 5   C. 6   D. 1

(   )2. n 阶方阵的元素共有

    A. n 个   B. $2n$ 个   C. $3n$ 个   D. n^2 个

(   )3. 若 $\begin{bmatrix} 1 & 2 \\ 0 & 3 \end{bmatrix} = \begin{bmatrix} x & 2 \\ 0 & 3 \end{bmatrix}$,则 x 为

    A. 1   B. 2   C. 3   D. 0

分院:＿＿＿＿＿　　班级:＿＿＿＿＿　　学号:＿＿＿＿＿　　姓名:＿＿＿＿＿

三、填空题

1.3×4 的矩阵共有_____行和_____列.

2.矩阵 $A_{2×3}$ 共有_____个元素.

3.矩阵 $[a \quad b \quad c \quad d \quad e]$ 叫作_____.

四、解答题

1.已知矩阵 $A = \begin{bmatrix} 1 & -4 & a+b & -1 \\ 3 & 5 & 2 & 1 \end{bmatrix}, B = \begin{bmatrix} 1 & -4 & 5 & -1 \\ 3 & 5 & 2 & 2a-b \end{bmatrix}$,且 $A = B$,求 a, b 的值.

2.设 $A = \begin{bmatrix} 1 & 2 & 3 \\ 4 & x & 6 \end{bmatrix}, B = \begin{bmatrix} 1 & 2 & y \\ 4 & 1 & 6 \end{bmatrix}$,且 $A = B$,求 x, y.

3.设 $A=\begin{bmatrix} 1 & x \\ x+y & 2 \end{bmatrix}$，$B=\begin{bmatrix} z & 3 \\ 4 & w \end{bmatrix}$，如果 $A=B$，求 x,y,z,w.

4.已知 $A=\begin{bmatrix} 1 & 5 & 1 \\ 1 & 2 & -3 \\ 9 & -5 & 3 \end{bmatrix}$，$B=\begin{bmatrix} 1 & x_1 & x_2 \\ x_3 & 2 & x_4 \\ x_5 & x_6 & 3 \end{bmatrix}$，并且 $A=B$，求 x_1,x_2,x_3,x_4,x_5,x_6.

5.某汽车厂生产三种车型：小轿车、大客车和货车。该厂每月生产此三种车型的原材料和劳动力消耗如下表所示(表中各量均省略单位).请用矩阵表示该表格.

车型	小轿车	大客车	货车
原材料	230	160	100
劳动力	70	90	110

分院：_____   班级：_____   学号：_____   姓名：_____

习题 8.2 矩阵的计算

一、判断题

( )1. 任意两个矩阵都可以相乘.

( )2. 已知矩阵 A, B,则 $AB = BA$.

( )3. 已知矩阵 A, B,则 $A + B = B + A$.

二、选择题

( )1. 设 A, B, C 为同阶方阵,下列等式一定成立的是

    A. $AB = BA$

    B. $(AB)C = A(BC)$

    C. 若 $AB = 0$,则 $A = 0, B = 0$

    D. 若 $AB = AC$,则 $B = C$

( )2. 设 A 是 $m \times n$ 矩阵,B 是 $n \times m$ 矩阵 $(m \neq n)$,则下列运算结果是 n 阶方阵的是

    A. AB B. BA

    C. $B^{\mathrm{T}} A^{\mathrm{T}}$ D. $(A + B)^{\mathrm{T}}$

( )3. 设 $A = \begin{bmatrix} 1 & 5 & 0 \\ 0 & 2 & 0 \\ 0 & 0 & 4 \end{bmatrix}$,则矩阵 A 为

    A. 单位矩阵   B. 三角矩阵

    C. 对角矩阵   D. 零矩阵

三、填空题

1. 相加减的两个矩阵必须具有相同的_____ 和_____.

2. $\begin{bmatrix} 1 & 0 \\ 0 & 1 \end{bmatrix} \begin{bmatrix} 3 & 2 \\ 5 & 6 \end{bmatrix} =$ _____.

3. 若 $A = \begin{bmatrix} 1 & 0 \end{bmatrix}$,$B = \begin{bmatrix} 0 \\ 1 \end{bmatrix}$,则 $AB =$ _____.

分院:_____   班级:_____   学号:_____   姓名:_____

四、解答题

1. 设 $A=\begin{bmatrix} 1 & 0 \\ -2 & -4 \end{bmatrix}$，$B=\begin{bmatrix} 1 & 2 \\ 2 & -3 \end{bmatrix}$，求 $A+2B,3A-B$.

2. 计算 $\begin{bmatrix} 1 & 0 & 3 & -1 \\ 2 & 1 & 0 & 2 \end{bmatrix} \begin{bmatrix} 4 & 1 & 0 \\ -1 & 1 & 3 \\ 2 & 0 & 1 \\ 1 & 3 & 4 \end{bmatrix}$.

分院：_____　　班级：_____　　学号：_____　　姓名：_____

3.设 $A = \begin{bmatrix} 1 & 0 \\ -2 & -4 \end{bmatrix}$,$B = \begin{bmatrix} 1 & 1 \\ 2 & -3 \end{bmatrix}$,求 A^{T} 和 $A^{\mathrm{T}}B$.

4.已知 $A = \begin{bmatrix} 2 \\ 1 \\ -1 \end{bmatrix}$,$B = \begin{bmatrix} 1 & -2 & 0 \end{bmatrix}$,求 AB.

5.已知 $\begin{cases} 3A + 2B = C \\ A - 2B = D \end{cases}$,其中 $C = \begin{bmatrix} 7 & 10 & -2 \\ 1 & -5 & -10 \end{bmatrix}$,$D = \begin{bmatrix} 5 & -2 & -6 \\ -5 & -15 & -14 \end{bmatrix}$,求矩阵 A

和 B.

习题 8.3 矩阵的秩

一、判断题

( )1.若矩阵 B 是由矩阵 A 加一行而得到的,则 $R(A) \leqslant R(B)$.

( )2.若 $R(A)=r$,则 A 中所有 $(r-1)$ 阶子式中不可能有零.

( )3.若 $R(A)=r$,则 A 中所有 r 阶子式均不为零.

二、选择题

( )1.下列说法错误的是

　　A.任何矩阵 A 经过一系列初等行变换可化成行阶梯型矩阵.

　　B.矩阵的行简化阶梯型矩阵是唯一的.

　　C.矩阵的行阶梯型矩阵是唯一的.

　　D.任何矩阵 A 经过一系列初等行变换可化成行简化阶梯型矩阵.

( )2.设 $A=\begin{bmatrix} 1 & 1 \\ 0 & 0 \end{bmatrix}$,则该矩阵的秩为

　　A.1　　　　　　B.2　　　　　　C.3　　　　　　D.4

( )3.设 $A=\begin{bmatrix} 1 & 0 \\ 1 & 0 \end{bmatrix}$,则矩阵 A 的秩为

　　A.1　　　　　　B.2　　　　　　C.3　　　　　　D.4

三、填空题

1.矩阵中_____的最高阶数称为矩阵的秩.

2.矩阵 $\begin{bmatrix} 1 & 0 & 2 & 5 \end{bmatrix}$ 的秩为_____.

3.矩阵的初等行变换包括_____、_____和_____三种变换.

四、解答题

1.用矩阵的初等行变换将矩阵 $A=\begin{bmatrix} 1 & 0 & 1 \\ 2 & 2 & 0 \\ 4 & 2 & -3 \end{bmatrix}$ 化为行阶梯型矩阵.

分院:_____　　班级:_____　　学号:_____　　姓名:_____

2.用矩阵的初等行变换将矩阵 $A = \begin{bmatrix} 1 & 2 & 3 \\ 2 & -1 & 1 \\ -1 & 1 & 0 \\ -2 & 1 & -1 \end{bmatrix}$ 化为行简化阶梯型矩阵.

3.求矩阵 $\begin{bmatrix} 1 & 0 & 0 \\ 3 & 1 & 0 \\ -1 & 4 & 2 \\ 1 & 3 & 7 \\ -3 & 0 & 2 \end{bmatrix}$ 的秩.

4.求矩阵 $\begin{bmatrix} 1 & 2 & 1 \\ 4 & -3 & 0 \\ 1 & -1 & -2 \end{bmatrix}$ 的秩.

5.求出参数 λ 的值,使得矩阵 $A = \begin{bmatrix} 1 & -2 & 3 & 5 \\ 0 & 1 & 2 & 1 \\ 1 & -1 & 5 & \lambda \end{bmatrix}$ 的秩为 2.

分院:_____   班级:_____   学号:_____   姓名:_____

习题 8.4　矩阵的逆

一、判断题

(　　)1.可逆矩阵一定是方阵.

(　　)2.可逆矩阵的逆是唯一的.

(　　)3.若矩阵 A 可逆，$k \neq 0$，则 kA 也可逆，且 $(kA)^{-1} = kA^{-1}$.

二、选择题

(　　)1.矩阵 A 可逆的充要条件是

　　A. $|A| \neq 0$　　　　　　　　　　B.矩阵 A 是非零矩阵

　　C.矩阵 A 是零矩阵　　　　　　　D. $|A| = 0$

(　　)2.设 $A = \begin{bmatrix} 1 & 1 \\ 0 & \lambda \end{bmatrix}$，则 λ _____ 时，该矩阵不可逆

　　A.等于 3　　　　　B.等于 0　　　　　C.等于 2　　　　　D.等于 1

(　　)3.已知矩阵 $A = \begin{bmatrix} 1 & 2 \\ 0 & 1 \end{bmatrix}$，则 $A^{-1} =$

　　A. $\begin{bmatrix} 1 & 2 \\ 0 & 1 \end{bmatrix}$　　　　B. $\begin{bmatrix} 1 & -2 \\ 0 & 1 \end{bmatrix}$　　　　C. $\begin{bmatrix} 1 & 2 \\ 0 & -1 \end{bmatrix}$　　　D. $4\begin{bmatrix} -1 & 2 \\ 0 & 1 \end{bmatrix}$

三、填空题

1.若 A 可逆，则 A^{-1} 也可逆，且 $(A^{-1})^{-1} =$ _____.

2.若 A 可逆，则 A^{T} 也可逆，且 $(A^{\mathrm{T}})^{-1} =$ _____.

3.若 n 阶矩阵 A 与 B 均可逆，则 AB 也可逆，且 $(AB)^{-1} =$ _____.

四、解答题

1.判断矩阵 $A = \begin{bmatrix} 1 & 1 & 3 \\ 2 & 3 & 7 \\ 3 & 4 & 9 \end{bmatrix}$ 是否可逆.

分院：_____　　　班级：_____　　　学号：_____　　　姓名：_____

2.求矩阵 $A = \begin{bmatrix} 3 & 2 \\ 1 & 0 \end{bmatrix}$ 的逆矩阵.

3.求矩阵 $A = \begin{bmatrix} 1 & -1 & 2 \\ 0 & 1 & -1 \\ 2 & 1 & 0 \end{bmatrix}$ 的逆矩阵.

4.已知 $\begin{bmatrix} 2 & 1 \\ 3 & 2 \end{bmatrix} X = \begin{bmatrix} -2 & 4 \\ 3 & -1 \end{bmatrix}$,利用逆矩阵求未知矩阵 X.

分院:_____   班级:_____   学号:_____   姓名:_____

习题 8.5 线性方程组

一、判断题

(   )1. 方程组 $\begin{cases} 2x_1 x_2 - 2x_3 + 3x_4 = 1 \\ 3x_1 + x_2 - x_3 x_4 = 0 \\ x_1 + x_2 + x_3 - x_4 = 2 \end{cases}$ 是线性方程组.

(   )2. 方程组 $\begin{cases} 2x_1 - 2x_3 + 3x_4 = 0 \\ 3x_1 + x_2 - x_3 + x_4 = 0 \\ x_1 + x_3 - x_4 = 0 \end{cases}$ 是齐次线性方程组.

(   )3. 方程组 $\begin{cases} x_1 - 2x_3 + 3x_4 = -1 \\ 3x_1 + 2x_2 - x_3 + x_4 = 0 \\ x_1 + x_2 + x_3 - 5x_4 = 2 \end{cases}$ 是非齐次线性方程组.

二、选择题

(   )1. 含有 n 个未知量的非齐次线性方程组 $AX = B$ 满足 $r(A) = r(\overline{A}) < n$,则该方程组

  A. 无解   B. 有唯一解

  C. 有无穷多解   D. 无法确定

(   )2. 含有 n 个未知量的非齐次线性方程组 $AX = B$ 满足 $r(A) \neq r(\overline{A})$,则该方程组

  A. 无解   B. 有唯一解

  C. 有无穷多解   D. 无法确定

(   )3. 含有 n 个未知量的齐次线性方程组 $AX = 0$ 满足 $r(A) < n$,则该方程组

  A. 无解   B. 只有零解

  C. 有非零解   D. 无法确定

分院:_____   班级:_____   学号:_____   姓名:_____

三、填空题

1. 方程组 $\begin{cases} 2x_1 + x_2 = -3 \\ x_1 - 3x_2 = 9 \end{cases}$ 的系数矩阵为 _____ .

2. 方程组 $\begin{cases} 3x_1 - x_2 - x_3 = 0 \\ 4x_1 + 3x_2 + x_3 = -1 \end{cases}$ 的增广矩阵为 _____ .

3. 当 $a =$ _____ 时，方程组 $\begin{cases} x_1 + x_2 + x_3 = 1 \\ 2x_1 - ax_2 + 2x_3 = 5 \end{cases}$ 无解.

四、解答题

1. 写出线性方程组 $\begin{cases} x_1 + x_2 - x_3 + x_4 = 1 \\ 3x_1 + 2x_2 - x_3 - x_4 = 0 \\ x_1 + 5x_3 - x_4 = 2 \end{cases}$ 的系数矩阵和增广矩阵.

2.判断方程组 $\begin{cases} x_1 + x_2 = 1 \\ 2x_1 + 3x_3 = 2 \\ -x_2 + 2x_3 = 3 \\ x_1 + 2x_2 - x_3 = 4 \end{cases}$ 是否有解？

3.求解齐次线性方程组 $\begin{cases} 2x_1 + x_2 - 2x_3 + 3x_4 = 0 \\ 3x_1 + 2x_2 - x_3 + 2x_4 = 0. \\ x_1 + x_2 + x_3 - x_4 = 0 \end{cases}$

4.当 a,b 为何值时，方程组 $\begin{cases} x_1 + 2x_3 = -1 \\ -x_1 + x_2 - 3x_3 = 2 \\ 2x_1 - x_2 + ax_3 = b \end{cases}$ 无解？有唯一解？有无穷多解？

第 8 章自测题

一、判断题(每小题 2 分,共 20 分)

( )1. 矩阵 $\begin{bmatrix} 1 & 0 \\ 0 & 2 \end{bmatrix} = 2$.

( )2. 矩阵的行数与列数一定不同.

( )3. $3\begin{bmatrix} 1 & -1 \\ 2 & 3 \end{bmatrix} = \begin{bmatrix} 3 & -3 \\ 2 & 3 \end{bmatrix}$.

( )4. 对于可乘矩阵 $\boldsymbol{A}$ 与 $\boldsymbol{B}$,恒有 $(\boldsymbol{A}\boldsymbol{B})^{\mathrm{T}} = \boldsymbol{A}^{\mathrm{T}}\boldsymbol{B}^{\mathrm{T}}$.

( )5. 若 $\boldsymbol{A} = \begin{bmatrix} 1 & 0 & 7 \\ 0 & 2 & 5 \end{bmatrix}$,则 $r(\boldsymbol{A}) = 2$.

( )6. n 阶矩阵 $\boldsymbol{A}$ 可逆的充要条件为 $|\boldsymbol{A}| \neq 0$.

( )7. 对于任意的矩阵 $\boldsymbol{A}$ 与 $\boldsymbol{B}$,都有 $\boldsymbol{A}\boldsymbol{B} = -\boldsymbol{B}\boldsymbol{A}$.

( )8. 如果矩阵的两行元素对应相同,那么矩阵的值为零.

( )9. 若可乘矩阵 $\boldsymbol{A}$ 与 $\boldsymbol{B}$ 都可逆,则 $\boldsymbol{A}\boldsymbol{B}$ 也可逆.

( )10. 一个 n 阶方阵 $\boldsymbol{A}$ 满秩的充要条件是 $|\boldsymbol{A}| \neq 0$.

二、选择题(每小题 2 分,共 10 分)

( )1. 设 $\boldsymbol{A}$ 是 2×4 矩阵,$\boldsymbol{B}$ 是 3×2 矩阵,则下列运算成立的是

    A. $\boldsymbol{A}\boldsymbol{B}$ B. $\boldsymbol{A}^{\mathrm{T}}\boldsymbol{B}$ C. $\boldsymbol{B}\boldsymbol{A}$ D. $\boldsymbol{B}^{\mathrm{T}}\boldsymbol{A}$

( )2. 设 $\boldsymbol{A},\boldsymbol{B},\boldsymbol{C}$ 为同阶方阵并可逆,且 $\boldsymbol{A}\boldsymbol{B}\boldsymbol{C} = \boldsymbol{E}$,则 $\boldsymbol{A} =$

    A. $\boldsymbol{B}\boldsymbol{C}$ B. $\boldsymbol{C}\boldsymbol{B}$ C. $\boldsymbol{B}^{-1}\boldsymbol{C}$ D. $\boldsymbol{C}^{-1}\boldsymbol{B}^{-1}$

( )3. 若矩阵 $\begin{bmatrix} 1 & 2 & 5 \\ 1 & 3 & -2 \\ 2 & 5 & x \end{bmatrix}$ 的行列式 $\begin{vmatrix} 1 & 2 & 5 \\ 1 & 3 & -2 \\ 2 & 5 & x \end{vmatrix} = 0$,则 $x =$

    A. 2   B. -2 C. 3   D. -3

( )4. 若矩阵 $\boldsymbol{A}$ 满足_____,则该矩阵是对称的

    A. $\boldsymbol{A}^{\mathrm{T}} = \boldsymbol{A}^{-1}$ B. $\boldsymbol{A}^{\mathrm{T}} = -\boldsymbol{A}^{-1}$ C. $\boldsymbol{A}^{\mathrm{T}} = -\boldsymbol{A}$ D. $\boldsymbol{A}^{\mathrm{T}} = \boldsymbol{A}$

( )5. 下列矩阵一定可逆的是

    A. 方阵   B. 2×3 矩阵   C. 单位矩阵   D. n 阶矩阵

分院:_____   班级:_____   学号:_____   姓名:_____

三、填空题（每小题 2 分，共 20 分）

1. 若矩阵 $A = \begin{bmatrix} 1 & -4 & a & -1 \\ 3 & 5 & 2 & 1 \end{bmatrix}$，$B = \begin{bmatrix} 1 & -4 & 7 & -1 \\ 3 & 5 & 2 & -b \end{bmatrix}$，且 $A = B$，则 $a = $ _____，

$b = $ _____.

2. 如果 A, B, X 分别为线性方程组的系数矩阵、常数矩阵和未知矩阵，则该线性方程组的矩阵表示形式为 _____.

3. 已知矩阵 $A = \begin{bmatrix} 1 & 3 \\ 2 & 0 \end{bmatrix}$，则 $|A| = $ _____.

4. 已知 $A = \begin{bmatrix} 2 & 0 & 1 \\ -1 & 1 & 3 \end{bmatrix}$，$B = \begin{bmatrix} 0 & 4 & 2 \\ 3 & 5 & 7 \end{bmatrix}$，则 $A^{\mathrm{T}}B = $ _____.

5. $\begin{bmatrix} 2 & 0 & 1 \end{bmatrix} \begin{bmatrix} 1 \\ 2 \\ 3 \end{bmatrix} = $ _____.

6. 矩阵 $\begin{bmatrix} 1 & 0 & 0 & 0 \\ 0 & 1 & 0 & 0 \\ 1 & 1 & 1 & 1 \\ 0 & 0 & 0 & 0 \end{bmatrix}$ 的秩为 _____.

7. 设 $A = \begin{bmatrix} -2 & 3 \\ 2 & 4 \end{bmatrix}$，$B = \begin{bmatrix} 1 & 4 \\ 2 & 3 \end{bmatrix}$，则 $A^{\mathrm{T}} + B = $ _____.

8. 如果 $\det A \neq 0$，则 $AX = B$ 的解 $X = $ _____.

9. 齐次线性方程组 $\begin{cases} x_1 + 2x_2 + 2x_3 + 2x_4 = 0 \\ 2x_1 + x_2 - 2x_3 - 2x_4 = 0 \\ x_1 - x_2 - 4x_3 - 4x_4 = 0 \end{cases}$ 的解的情况是 _____.

10. 当参数 $k = $ _____时，线性方程组 $\begin{cases} x_1 + x_2 + x_3 = 0 \\ -2x_1 + x_3 = -1 \\ x_1 + 3x_2 + 4x_3 = k \end{cases}$ 有解.

分院：_____   班级：_____   学号：_____   姓名：_____

四、计算题(第 1~5 小题每小题 6 分,第 6~7 小题每小题 10 分,共 50 分)

1.已知矩阵 $A=\begin{bmatrix} 4 & 0 & 1 \\ 0 & -2 & 3 \end{bmatrix}$,$B=\begin{bmatrix} 1 & 5 & 0 \\ -1 & 2 & 1 \end{bmatrix}$,求 $2A+3B$.

2.计算 $\begin{bmatrix} 2 \\ 0 \\ 1 \end{bmatrix} \begin{bmatrix} 1 & -2 & 1 \end{bmatrix}$.

3.若 $A=\begin{bmatrix} 1 & 3 & 2 \\ -2 & -1 & 1 \\ 2 & -1 & -3 \\ 3 & 5 & 4 \\ -1 & -3 & -2 \end{bmatrix}$,求 A 的秩.

分院:_____   班级:_____   学号:_____   姓名:_____

4.求矩阵 $\boldsymbol{A} = \begin{bmatrix} 1 & -1 & 3 \\ 2 & -1 & 4 \\ -1 & 2 & -4 \end{bmatrix}$ 的逆矩阵.

5.解矩阵方程 $\begin{bmatrix} 2 & 1 \\ 3 & 2 \end{bmatrix} \boldsymbol{X} \begin{bmatrix} -3 & 2 \\ 5 & -3 \end{bmatrix} = \begin{bmatrix} -2 & 4 \\ 3 & -1 \end{bmatrix}$.

6.求线性方程组 $\begin{cases} x_1 + 2x_2 + 3x_3 - x_4 = 2 \\ 3x_1 + 2x_2 + x_3 - x_4 = 4 \\ x_1 - 2x_2 - 5x_3 + x_4 = 0 \end{cases}$ 的一般解.

分院：_____　　　班级：_____　　　学号：_____　　　姓名：_____

7.线性方程组 $\begin{cases} x_1+2x_2+x_3=1 \\ 2x_1+3x_2+(a+2)x_3=3 \\ x_1+ax_2-2x_3=0 \end{cases}$,问当 a 为何值时,该方程组:

(1)无解;(2)有唯一解;(3)有无穷多解?

第9章　随机事件与概率

习题9.1　随机事件及概率计算

一、判断题

(　　)1.在随机试验中,每次试验都必然发生的事件称为必然性事件.

(　　)2.在随机试验中,每次试验都必然不会发生的事件,称为不可能事件.

(　　)3.两个事件 A 与 B 互相独立的充要条件是 $P(AB)=P(A)/P(B)$.

二、选择题

(　　)1.投掷一颗均匀的骰子,出现点数大于 3 的事件的概率为

    A. $\dfrac{1}{2}$　　　　　　B. $\dfrac{1}{3}$　　　　　　C. $\dfrac{1}{4}$　　　　　　D. $\dfrac{1}{5}$

(　　)2.投掷一枚均匀的硬币,出现正面的事件的概率为

    A. 0　　　　　　　B. $\dfrac{1}{2}$　　　　　　C. $\dfrac{2}{3}$　　　　　　D. 1

(　　)3.已知事件 A 与 B 互斥,$P(A)=\dfrac{1}{5}$,$P(B)=\dfrac{1}{2}$,则 $P(A+B)=$

    A. 1　　　　　　　B. $\dfrac{2}{3}$　　　　　　C. $\dfrac{7}{10}$　　　　　　D. $\dfrac{1}{2}$

分院:_____　　班级:_____　　学号:_____　　姓名:_____

三、填空题

1. A,B 恰有一个发生, 符号为_____.

2. 甲、乙两射手进行射击, 已知甲击中目标的概率是 0.3, 乙击中目标的概率是 0.7, 则甲乙同时击中目标的概率为_____.

3. 盒子中有 6 个相同的球, 分别标有 $1,2,3,4,5,6$, 从中任取一球, 则此球号码为偶数的概率为_____.

四、解答题

1. 一批产品共 100 个, 其中有 4 个次品, 求:

(1) 这批产品的次品率;

(2) 任取 2 个恰好有 1 个是次品的概率;

(3) 任取 2 个全部是次品的概率.

2. 袋中有 7 个球, 其中 3 个白球、4 个红球, 任取 3 个, 求至少有 1 个红球的概率.

分院:_____   班级:_____   学号:_____   姓名:_____

3.某贸易公司与甲、乙两厂签订某物资长期供货关系,根据以往的统计,甲厂能按时供货的概率为 0.76,乙厂能按时供货的概率为 0.68,两厂都能按时供货的概率为 0.55,求至少有一厂能按时供货的概率.

4.加工某机械零件需要两道工序,第一道工序的废品率为 0.01,第二道工序的废品率为 0.005,假设两道工序出废品与否是相互独立的,求产品的合格率.

5.市场上供应的灯泡中,甲厂产品占 60%,乙厂产品占 40%,甲厂产品的合格品率为 80%,乙厂产品的合格品率为 90%,从市场上买到一个灯泡是甲厂生产的合格灯泡的概率是多少?

分院:＿＿＿＿＿＿　　班级:＿＿＿＿＿＿　　学号:＿＿＿＿＿＿　　姓名:＿＿＿＿＿＿

习题 9.2 随机变量及其分布

一、判断题

( )1. 一般地,如果一个变量的取值随着试验结果的不同而变化,当试验结果确定后它所取的值也就相应地确定,这种变量称为随机变量.

( )2. 如果随机变量 X 只取有限个或可列多个可能值,同时 X 以确定的概率取这些不同的值,则称 X 为离散型随机变量.

( )3. 对于随机变量 X,如果存在非负可积函数 $p(x)(-\infty < x < +\infty)$,使得对于任意实数 a、$b(a < b)$,有 $P(a < x \leqslant b) = \int_a^b p(x)\mathrm{d}x$,则称 X 为连续型随机变量.

二、选择题

( )1. 如果离散型随机变量 X 的概率分布是 $P(X = x_k) = p_k(k = 1,2,\cdots,n)$,则

A. $p_k > 0$ B. $p_k \geqslant 0$

C. $p_k < 0$ D. $p_k \leqslant 0$

( )2. 连续型随机变量的概率密度 p_k 有

A. $\int_0^{+\infty} p(x)\mathrm{d}x = 1$ B. $\int_{-\infty}^0 p(x)\mathrm{d}x = 1$

C. $\int_{-\infty}^{+\infty} p(x)\mathrm{d}x = 1$ D. $\int_{-\infty}^{+\infty} p(x)\mathrm{d}x = 0$

( )3. 分布函数具有性质

A. $F(x) > 0$ B. $F(x) < 0$

C. $0 \leqslant F(x) \leqslant 1$ D. $F(x) < 1$

三、填空题

1. 设随机变量 $X \sim U[0,6]$,则 X 的密度函数为_____.

2. 若随机变量 $X \sim N(0,1)$,则 $\Phi(0) =$_____.

3. 若随机变量 $X \sim N(0,1)$,则 $\Phi(-1) =$_____.

分院:_____   班级:_____   学号:_____   姓名:_____

四、解答题

1.某产品有一、二 2 个等级,另外还有废品,其中一、二等级所占比例及废品率分别为 70%、20%、10%.任取一个产品检验其质量,用随机变量 X 描述试验结果,试求 X 的概率分布.

2.有一袋内装有 4 个相同的球,分别标有号码 1,2,3,4,从中任取 2 个,令 X 表示两个球中的最大号码数,试求下列结果:

(1)X 的概率分布;(2)X 的分布函数;(3)$P\{X>4\}$.

3.某厂每天用水量保持正常的概率为 0.9 且相互独立,求最近 2 天内用水量正常的天数的分布.

4.设 $X \sim N(0,1)$,求:(1)$P\{0 < X < 1\}$;(2)$P\{-1 < X < 0\}$;(3)$P\{X \geqslant 0\}$.

分院:_____ 班级:_____ 学号:_____ 姓名:_____

习题 9.3 随机变量的数字特征

一、判断题

( )1. 所谓随机变量的数字特征就是描述随机变量的某种特征的量.

( )2. 常数的均值等于常数本身,即 $E(C)=C$ (C 为常数).

( )3. 设 X 为随机变量,k 为常数,则 $D(kX)=kD(X)$ (k 为常数).

二、选择题

( )1. 已知随机变量 X 的分布列为 $P(X=-1)=0.5,P(X=1)=0.5$,则 $E(X)=$

A. 1 B. 0 C. 2 D. 3

( )2. 已知随机变量 X 的分布列为 $P(X=-1)=0.5,P(X=1)=0.5$,则 $D(X)=$

A. 1 B. 0 C. 2 D. 3

( )3. 设随机变量 $X\sim B(n,p)$,且 $E(X)=3,p=\dfrac{1}{2}$,则 $n=$

A. 1 B. 2 C. 5 D. 6

三、填空题

1. 已知 $X\sim N(1,4)$,则 $E(X)=$_____.

2. 已知 $X\sim N(1,4)$,则 $D(X)=$_____.

3. 设随机变量 X 的数学期望 $E(X)=1$,方差 $D(X)=1$,则 $E(X^2)=$_____.

四、解答题

1. 某人打靶,所得分数记为 X,记分规则为:射入区域 e_1 得 2 分,射入区域 e_2 得 1 分,射入区域 e_3 得 0 分,显然 X 为随机变量,若其分布列为

X	0	1	2
P	0.4	0.2	0.4

求 $E(X),E(X^2),E(2X+1)$.

分院:_____ 班级:_____ 学号:_____ 姓名:_____

2.在题 1 的条件下,求 $D(X)$,$D(3X+1)$.

分院:_____   班级:_____   学号:_____   姓名:_____

3.设随机变量 X 在 $[0,2]$ 上服从均匀分布,求 $E(X)$ 和 $D(X)$.

4.设 $X \sim N(1,9)$,求 $E(X),E(3X-1),D(X),D(3X+2)$.

第 9 章自测题

一、判断题(每小题 2 分,共 20 分)

( )1. 如果一个试验在相同的条件下可以重复进行并且试验的所有可能结果是明确不变的,但是每次试验的具体结果在试验前是无法预知的,这种试验称为随机试验.

( )2. 在随机试验中,对一次试验结果可能出现也可能不出现,而在大量重复试验中却具有某种规律性的试验结果,称为此随机试验的随机事件.

( )3. 在随机试验中,不能分解的事件称为基本事件.

( )4. 在随机试验中,可以分解的事件称为复合事件.

( )5. 若事件 A 与事件 B 不能同时发生,则事件 A 与 B 称为互不相容事件.

( )6. 若在随机试验中,事件 A 与 B 必发生一个且仅发生一个,则事件 A 与 B 称为互逆事件.

( )7. 根据随机变量的取值情况,可以把随机变量分成两类:离散型随机变量和非离散型随机变量.

( )8. 分布函数具有性质:$F(x)$ 是单调不减函数.

( )9. 期望具有性质:$E(X+Y)=E(X)+E(Y)$

( )10. 方差具有性质:$D(X+b)=D(X)+b$(b 为常数)

二、选择题(每小题 2 分,共 10 分)

( )1. 投掷一颗均匀的骰子,出现点数大于等于 5 的事件概率为

A. $\frac{1}{2}$ B. $\frac{1}{3}$ C. $\frac{1}{4}$ D. $\frac{1}{5}$

( )2. 投掷一枚均匀的硬币,出现反面的事件概率为

A. 0   B. $\frac{1}{2}$ C. $\frac{2}{3}$ D. 1

( )3. 已知事件 A 与 B 互斥,$P(A)=\frac{1}{3}$,$P(B)=\frac{1}{2}$,则 $P(A+B)=$

A. 1   B. $\frac{2}{3}$ C. $\frac{5}{6}$ D. $\frac{1}{2}$

分院:_____   班级:_____   学号:_____   姓名:_____

（　　）4.如果离散型随机变量 X 的概率分布是 $P(X=x_k)=p_k(k=1,2,\cdots,n)$，则

A. $p_k>0$　　　　B. $\sum_{k=1}^{n}p_k=0$　　　C. $p_k<0$　　　D. $\sum_{k=1}^{n}p_k=1$

（　　）5.已知随机变量 X 的分布列为 $P(X=0)=0.6,P(X=1)=0.4$，则 $E(X)=$

A. 0.4　　　　　B. 1　　　　　C. 0.6　　　　D. 3

三、填空题（每小题 2 分，共 20 分）

1.设 A,B 表示两个随机事件，A 发生而 B 不发生，符号为_____．

2.设 A,B 表示两个随机事件，A,B 都发生，符号为_____．

3.设 A,B 表示两个随机事件，A,B 都不发生，符号为_____．

4.投一枚均匀的硬币，A 表示"出现反面"，则"出现正面"记作_____．

5.若事件 A,B 互不相容，且 $P(A)=0.2,P(B)=0.3$，则 $P(A+B)=$_____．

6.甲、乙两射手进行射击，已知甲击中目标的概率是 0.2，乙击中目标的概率是 0.6，则甲乙同时击中目标的概率为_____．

7.设一盒子中有 6 件产品，其中 2 件是次品，从盒子中任取 1 件，则取出的是次品的概率为_____．

8.若随机变量 $X\sim U(1,5)$，则 $E(X)=$_____．

9.若随机变量 $X\sim U(1,7)$，则 $D(X)=$_____．

10.若随机变量 $X\sim N(1,16)$，则 $D(X)=$_____．

四、解答题（共 50 分）

1.盒中有 10 个球，其中 4 个红球，6 个白球，若从中随机取出两球，设 A 表示"两个都是白球"，求概率 $P(A)$．（10 分）

分院：_____　　班级：_____　　学号：_____　　姓名：_____

2.甲、乙投篮,甲投中的概率是 0.7,乙投中的概率是 0.6,两人同时投中的概率是 0.42,求一次投篮中两人至少有一人投中的概率.(10 分)

3.一批样品共 10 件,其中合格品 9 件,不合格品 1 件,现从中任意抽取 2 件,用随机变量 X 表示抽到的合格品的数量,求 X 的概率分布.(10 分)

4.设 $X \sim N(0,1)$,求(1)$P\{X < 0.6\}$,(2)$P\{-2 < X \leqslant 0\}$,(3)$P\{X \geqslant 1\}$.(10 分)

5.设随机变量 $X \sim N(0,25)$,求 $E(X)$,$E(5X-1)$,$D(X)$,$D(5X-1)$.(10 分)

分院:_____ 班级:_____ 学号:_____ 姓名:_____

第 10 章 统计初步

习题 10.1 抽样及其分布

一、判断题

(　　)1. 在研究某一问题时,通常把研究对象的全体称为总体.

(　　)2. 简单随机抽样得到的样本称为随机样本.

(　　)3. $X_1, X_2, \cdots, X_n$ 是互相独立的随机变量,是简单随机抽样的一个条件.

二、选择题

(　　)1. 设总体 $X \sim N(\mu, \sigma^2)$,其中 μ, σ^2 是未知函数,若 (X_1, X_2) 为来自总体 X 的一个样本,则下列哪个是统计量.

    A. $X_1 + X_2$ B. $X_1 + X_2 + \mu$

    C. $X_1^2 + X_2^2 - \sigma^2$ D. $\dfrac{X_1 - \mu}{\sigma}$

(　　)2. 为考察某地高中毕业生数学考试情况,从中抽取 500 名考生的成绩,此问题的样本是

    A. 这 500 名考生的总成绩   B. 这 500 名考生

    C. 这 500 名考生的平均成绩   D. 这 500 名考生的数学成绩

(　　)3. 设 $(x_1, x_2, x_3, \cdots, x_n)$ 是取自正态总体 $N(\mu, \sigma^2)$ 的一个样本,则 $D(\bar{x})$ 为

    A. σ^2 B. $\dfrac{\sigma^2}{n}$ C. μ D. $\dfrac{\mu}{n}$

分院:＿＿＿＿＿＿   班级:＿＿＿＿＿＿   学号:＿＿＿＿＿＿   姓名:＿＿＿＿＿＿

三、填空题

1.设一组观察值 1,2,3,4,5,3,1,2,4,5,则样本均值为_____.

2.设一组观察值 1,2,3,4,5,3,1,2,4,5,则样本方差为_____.

3.设一组观察值 1,2,3,4,5,3,1,2,4,5,则样本标准差为_____.

四、解答题

1.某校学生数学期末成绩服从期望 80、方差 250 的正态分布,现从中抽取一个容量 10 的样本,求这一样本的均值介于 75 至 80 的概率.

2.某保险公司多年的统计资料表明:在索赔户中被盗索赔户占 10%,以 X 表示在随意抽查的 100 个索赔户中因被盗向保险公司索赔的户数,求被索赔户不少于 16 户且不多于 19 户的概率.

分院:_____   班级:_____   学号:_____   姓名:_____

3.某厂检查保温瓶的保温性能,在瓶中灌满沸水,24 小时后测定其温度为 X.若已知 $X \sim N(70,80)$,则从中随机地抽取 20 只保温瓶进行测定,其样本均值 $\overline{X}$ 低于 74℃的概率有多大?

4.设随机变量 $X \sim N(13,5)$,$(X_1,X_2,\cdots,X_5)$ 为来自总体 X 的一个样本,试求 $\overline{X}$ 大于 14 的概率.

分院:_____　　班级:_____　　学号:_____　　姓名:_____

*习题 10.2 参数估计

一、判断题

( )1. 用相应的样本矩去估计总体矩的方法称为矩估计法.

( )2. 用矩估计法确定的估计量称为矩估计量.

( )3. 样本方差 S^2 是作为总体分布的方差 $\dfrac{\sigma^2}{n}$ 的估计量.

二、选择题

( )1. 在对一个正态总体方差的区间估计中,对同一个问题,由不同置信度得到不同的置信区间,并且随着置信度的提高(增加),置信区间长度

    A. 随之变大   B. 随之变小   C. 忽大忽小   D. 不变

( )2. 设 $(X_1, X_2, \cdots, X_n)$ 是取自方差 σ^2 已知的正态总体,则总体均值 μ 的置信概率为 $1-\alpha$ 的置信区间为

    A. $\left(\overline{X} - \mu_{\frac{\alpha}{2}} \dfrac{\sigma}{\sqrt{n}}, \overline{X} + \mu_{\frac{\alpha}{2}} \dfrac{\sigma}{\sqrt{n}} \right)$ B. $\left(\overline{X} - t_{\frac{\alpha}{2}} \dfrac{\sigma}{\sqrt{n}}, \overline{X} + t_{\frac{\alpha}{2}} \dfrac{\sigma}{\sqrt{n}} \right)$

    C. $\left(\overline{X} - \chi_{\frac{\alpha}{2}} \dfrac{\sigma}{\sqrt{n}}, \overline{X} + \chi_{\frac{\alpha}{2}} \dfrac{\sigma}{\sqrt{n}} \right)$ D. $\left(\overline{X} - \chi_{1-\frac{\alpha}{2}} \dfrac{\sigma}{\sqrt{n}}, \overline{X} + \chi_{1-\frac{\alpha}{2}} \dfrac{\sigma}{\sqrt{n}} \right)$

( )3. 设 $(\xi_1, \xi_2, \cdots, \xi_n)$ 是取自方差 σ^2 未知的正态总体,则总体均值 μ 的置信度为 $1-\alpha$ 的置信区间为

    A. $\left(\overline{\xi} - \dfrac{\sigma}{\sqrt{n}} \mu_\alpha, \overline{\xi} + \dfrac{\sigma}{\sqrt{n}} \mu_\alpha \right)$

    B. $\left(\dfrac{(n-1)S^2}{\chi_{\frac{\alpha}{2}}^2(n-1)}, \dfrac{(n+1)S^2}{\chi_{\frac{\alpha}{2}}^2(n-1)} \right)$

    C. $\left(\overline{\xi} - \dfrac{s}{\sqrt{n}} t_{\frac{\alpha}{2}}(n-1), \overline{\xi} + \dfrac{s}{\sqrt{n}} t_{\frac{\alpha}{2}}(n-1) \right)$

    D. $\left(\dfrac{\sum\limits_{i=1}^{n}(\xi_i - \mu)^2}{\chi_{1-\frac{\alpha}{2}}^2(n)}, \dfrac{\sum\limits_{i=1}^{n}(\xi_i + \mu)^2}{\chi_{1-\frac{\alpha}{2}}^2(n)} \right)$

分院:_____   班级:_____   学号:_____   姓名:_____

三、填空题

1.设 $\hat{\theta}$ 为总体参数 θ 的估计量,若_____,则称 $\hat{\theta}$ 是 θ 的无偏估计量.

2.设 θ 为总体分布中的一个未知参数,如果由样本确定两个统计量 $\theta_1,\theta_2(\theta_1<\theta_2)$,对于给定的 $\alpha(0<\alpha<1)$,能满足条件 $P(\theta_1<\theta<\theta_2)=1-\alpha$,则区间 (θ_1,θ_2) 称为 θ 的_____.

3.从某车间生产的一批零件中随机抽取 5 件,测得内径(mm)为 6.1,5.9,6.2,5.8,6.0,则这批零件内径的均值的无偏估计值为_____.

四、解答题

1.测试灯泡使用寿命,抽取 5 只灯泡测得寿命(单位:小时)如下:1460,1462,1389,1516,1398,试估计灯泡总体的平均使用寿命和寿命的方差.

分院:_____　　班级:_____　　学号:_____　　姓名:_____

2.从长期实践经验知道,某工厂滚珠车间生产的滚珠直径服从正态分布 $N(\mu,0.1^2)$,现从生产的滚珠中任取 6 个,测得直径为(单位:mm):14.8,14.7,15.2,15.3,14.9,15.1,求滚珠平均直径的置信概率为 0.95 的置信区间.

3.假设初生女婴儿的体重服从正态分布,随机抽取 6 名女婴,测其体重(单位:g)为:2995,2890,3010,3200,3050,2855,试以 95% 的置信度对女婴体重的方差 σ^2 进行区间估计.

4.某三夹板厂为增加抗压强度以新的工艺生产三夹板,现在从产品中任意抽取 4 个做抗压试验,获得数据(单位:kg/cm²)如下:48.2,51.0,49.5,51.3,从实践经验已知三夹板的抗压力指数服从正态分布,试求这种三夹板的平均抗压强度 μ 的置信度为 0.95 的置信区间.

分院:_____   班级:_____   学号:_____   姓名:_____

*习题 10.3 假设检验

一、判断题

( )1. 在统计学中,我们称待考察的命题为假设.

( )2. 如果根据所作的假设 H_0,预计事件 A 出现的概率 α 很小,但在一次试验中,事件 A 居然发生了,则可以认为假设 H_0 是不正确的,从而否定 H_0,这一原理就是小概率原理.

( )3. 若假设 H_0 不正确,但一次抽样检验未发生不合理结果,这时我们就会接受 H_0,因而犯了"取伪"的错误,称此为第一类错误.

二、选择题

( )1. 在假设检验中,若信度 α 变小,接受假设的可能性

    A. 变大   B. 变小

    C. 不变   D. 不能确定

( )2. 据以往的数据,某砖厂生产的一批砖的"抗断强度" $X \sim N(35.1, 1.2)$,今从新生产的一批砖中抽取 9 块,测得抗断强度的均值 $\bar{x} = 29.6$,该批砖的平均抗断强度与以往的差别为

    A. 无显著差别   B. 有显著差别

    C. 没有差别   D. 不能断定

( )3. 由于工业排水引起附近水质污染,随机测得 7 条鱼的蛋白质中含汞的浓度为(单位:mg/m^3):0.3,0.2,0.1,0.5,0.2,0.1,0.7,从过去大量的资料判断,鱼的蛋白质中含汞的浓度服从正态分布,并且从工艺过程分析科研推算出理论上的浓度应为 0.1,问在显著性水平 $\alpha = 0.05$ 下,从这组数据来看,实测值和理论值是否符合?

    A. 不符合   B. 没有差别

    C. 符合   D. 不能断定

分院:_____   班级:_____   学号:_____   姓名:_____

三、填空题

1.对于方差 σ^2 未知的正态总体 ξ 检验,原假设 $H_0:\mu=\mu_0$,采用_____检验法.

2.对于方差 σ^2 未知的正态总体 ξ 检验,原假设 $H_0:\mu=\mu_0$,选取的统计量为_____.

3.对于方差 σ^2 未知的正态总体 ξ 检验,原假设 $H_0:\mu=\mu_0$,该统计量服从_____分布.

四、解答题

1.假设某厂生产的一种钢索的断裂强度 $X\sim N(\mu,10^2)$(单位:kg/cm^2),从中选取一个容量为 9 的样本,经过计算得平均断裂强度为 $760kg/cm^2$,能否据此样本认为这批钢索的断裂强度为 $780kg/cm^2(\alpha=0.05)$?

2.某一化肥厂采用自动流水生产线,装袋记录表明,实际包重 X 服从正态分布 $N(100,1^2)$,打包机必须定期进行检查,确定机器是否需要调整,以确保所打的包不致过轻或过重,现随机抽取 4 包,测得平均包重为 101(单位:kg),若要求完好率为 95%,问机器是否需要调整?

分院:_____   班级:_____   学号:_____   姓名:_____

3.设某次考试的考生成绩服从正态分布,从中随机抽了 16 位考生的成绩,算得平均成绩为 66 分,标准差为 10 分,问在显著性水平 0.05 下,是否可以认为这次考试全体考生的平均成绩为 70 分?

4.用某仪器间接测量温度,重复 4 次,所得数据(单位:℃)分别为 36.7,36.9,37.1,37.3,而用其他精确办法测得温度的真值为 36.9,假定测量值 $X \sim N(\mu, \sigma^2)$,在显著性水平 $\alpha = 0.05$ 下,这台仪器间接测量温度有无偏差?

分院:_____　　班级:_____　　学号:_____　　姓名:_____

第 10 章自测题

一、判断题(每小题 2 分,共 20 分)

( )1. 在研究某一问题时,组成总体的每一个元素称为个体.

( )2. 按一定原则从总体中抽取若干个个体进行观察,这个过程叫作抽样.

( )3. 样本所含个体数目称为样本容量.

( )4. $X_1, X_2, \cdots, X_n$ 与总体具有相同的分布,是简单随机抽样的一个条件.

( )5. 矩估计量与矩估计值统称为矩估计.

( )6. 样本均值 $\overline{X}$ 可以作为总体分布的数学期望 μ 的无偏估计量.

( )7. 若 θ_1、θ_2 都是 θ 的无偏估计量,且 $D(\theta_1) < D(\theta_2)$,则称 θ_1 比 θ_2 更有效.

( )8. 从样本去判断假设是否成立,称为假设检验.

( )9. 当假设 H_0 正确时,小概率事件也有可能发生,此时我们会拒绝假设 H_0,因而犯了"弃真"的错误,称此为第二类错误.

( )10. 在假设检验中,当样本容量 n 固定时,犯第一类错误的概率 α,犯第二类错误的概率 β,不能同时都小,即 α 变小时,β 就变大;而 β 变小时,α 就变大.

二、选择题(每小题 2 分,共 10 分)

( )1. 设总体 $X \sim N(\mu, \sigma^2)$,其中 μ, σ^2 是未知函数,若 (X_1, X_2) 为来自总体 X 的一个样本,则下列哪个是统计量.

A. $X_1^2 + X_2^2$ B. $X_1 + X_2 + \mu$

C. $X_1^2 + X_2^2 - \sigma^2$ D. $\dfrac{X_1 - \mu}{\sigma}$

( )2. 为考察某地高中毕业生数学考试情况,从中抽取 1000 名考生的成绩,此问题的样本是

A. 这 1000 名考生的总成绩   B. 这 1000 名考生的数学成绩

C. 这 1000 名考生的平均成绩   D. 这 1000 名考生

( )3. 设 $(x_1, x_2, \cdots, x_n)$ 是取自正态总体 $N(\mu, \sigma^2)$ 的一个样本,则 $E(\overline{x})$ 为

A. σ^2 B. $\dfrac{\sigma^2}{n}$ C. μ D. $\dfrac{\mu}{n}$

分院:_____   班级:_____   学号:_____   姓名:_____

（　　）4.在对一个正态总体方差的区间估计中,对同一个问题,由不同置信度得到不同的置信区间,并且随着置信度的降低(减小),置信区间长度

　　A.随之变大　　　　B.随之变小　　　　C.忽大忽小　　　　D.不变

（　　）5.在假设检验中,若信度 α 变大,接受假设的可能性

　　A.变大　　　　　　B.变小　　　　　　C.不变　　　　　　D.不能确定

三、填空题(每小题 2 分,共 20 分)

1.从总体 ξ 中抽取容量为 5 的一个样本,其值为 80,79,83,76,82,则样本均值 $\bar{x}$ =_____.

2.从总体 ξ 中抽取容量为 5 的一个样本,其值为 80,79,83,76,82,则样本方差 S^2 =_____.

3.从总体 ξ 中抽取容量为 5 的一个样本,其值为 80,79,83,76,82,则样本标准差 S =_____.

4.设 θ 为总体分布中的一个未知参数,如果由样本确定两个统计量 $\theta_1,\theta_2(\theta_1<\theta_2)$,对于给定的 $\alpha(0<\alpha<1)$,能满足条件 $P(\theta_1<\theta<\theta_2)=1-\alpha$,则 $1-\alpha$ 称为_____.

5.设 θ 为总体分布中的一个未知参数,如果由样本确定两个统计量 $\theta_1,\theta_2(\theta_1<\theta_2)$,对于给定的 $\alpha(0<\alpha<1)$,能满足条件 $P(\theta_1<\theta<\theta_2)=1-\alpha$,则 α 称为_____.

6.从一批砖头中随机抽取 5 件,测得质量(单位:g)为 350,360,340,365,335,则这批砖头质量的均值的无偏估计值为_____.

7.从某车间生产的一批零件中随机抽取 5 件,测得内径(单位:mm)为 6.1,5.9,6.2,5.8,6.0,则这批零件内径的方差的无偏估计值为_____.

8.对于方差 σ^2 已知、均值 μ 未知的正态总体 ξ 检验,待检假设 $H_0:\mu=\mu_0$,采用_____检验法.

9.对于方差 σ^2 已知、均值 μ 未知的正态总体 ξ 检验,待检假设 $H_0:\mu=\mu_0$,选取的统计量为_____.

10.对于方差 σ^2 已知、均值 μ 未知的正态总体 ξ 检验,待检假设 $H_0:\mu=\mu_0$,在 H_0 成立的条件下,该统计量 U 服从_____分布.

分院:_____　　　班级:_____　　　学号:_____　　　姓名:_____

四、解答题(共 50 分)

1.某校学生数学期末成绩服从期望为 78、方差为 90 的正态分布,现从中抽取一个容量为 10 的样本,求这一样本的均值介于 75 至 81 的概率.(10 分)

2.某厂检查保温杯的保温性能,在杯中灌满沸水,24 小时后测定其温度为 X(单位:℃),若已知 $X \sim N(50, 90)$,试问从中随机抽取 10 只保温杯进行测定,其样本均值 $\overline{X}$ 低于 56℃的概率有多大?(10 分)

3.假设初生小狗的体重服从正态分布,现在随机抽取 4 只小狗,测得它们的体重(单位:g)分别为:890,880,910,920,求小狗体重的方差 σ^2 的置信度为 0.95 的置信区间.(10 分)

分院:_____ 班级:_____ 学号:_____ 姓名:_____

4.从长期实践经验知道,某工厂滚珠车间生产的滚珠直径服从正态分布 $N(\mu,0.01^2)$,现从生产的滚珠中任取 4 个,测得直径为(单位:mm):14.8,14.7,15.2,15.3,求滚珠平均直径的置信概率为 0.95 的置信区间(10 分).

5.据经验,某钢索厂生产的一种钢索的断裂强度 $X \sim N(\mu,30^2)$,现在从一批产品中随机地抽取一个容量为 9 的样本,计算得样本均值 $\bar{x}=790\text{kg/cm}^2$,在显著性水平 $\alpha=0.05$ 下,能否认为这批钢索的断裂强度为 780kg/cm^2?（10 分）

分院:_____　　班级:_____　　学号:_____　　姓名:_____

本书参考答案